场地环境调查、风险评估与土壤污染修复案例详解

李登新　黄沈发　韩耀宗　肖政国　**编著**

U0263874

科学出版社

北京

内 容 简 介

本书以国内外代表性案例为素材,对其进行分析总结,力求剖析在污染场地修复中所需要的一些关键技术、方法、操作技巧以及需要关注的主要问题和注意事项,为污染场地实操人员提供一本快速学习、快速掌握、快速应用的参考书。

全书共六章:第一章对国家及地方的土壤污染防治政策、法律法规进行了梳理,并简要介绍了比较成熟的、应用比较广泛的污染场地修复技术原理及其优缺点;第二章对场地环境初步调查案例进行分析;第三章选取了某工业场地环境详细调查的案例并对其进行分析;第四章选取了某建设场地人群健康及风险评估的案例并对其进行分析;第五章选取了某工业场地土壤和地下水修复的案例并对其进行分析;第六章选取了国内外比较典型的污染场地修复的案例并对其进行分析。

本书可作为环境类本科生、研究生的补充案例教材,也适合土壤调查、风险评价与污染控制从业人员参考,对广大环境管理人员也有帮助。

图书在版编目(CIP)数据

场地环境调查、风险评估与土壤污染修复案例详解 /
李登新等编著. —北京:科学出版社,2019.11
ISBN 978 - 7 - 03 - 062584 - 7

Ⅰ. ①场… Ⅱ. ①李… Ⅲ. ①土壤污染—修复—教材
Ⅳ. ①X53

中国版本图书馆 CIP 数据核字(2019)第 219202 号

责任编辑:许 健 / 责任校对:谭宏宇
责任印制:黄晓鸣 / 封面设计:殷 靓

科 学 出 版 社 出版

北京东黄城根北街 16 号
邮政编码:100717
http://www.sciencep.com

南京展望文化发展有限公司排版
广东虎彩云印刷有限公司印刷
科学出版社发行 各地新华书店经销

*

2019 年 11 月第 一 版 开本:787×1092 1/16
2024 年 8 月第十六次印刷 印张:10 1/4
字数:231 000

定价:70.00 元
(如有印装质量问题,我社负责调换)

前　言

　　土壤污染面积大、程度深是我国面临的一个重要问题,最突出的八大类土地污染问题按污染程度从高到低排序分别是重污染企业用地及周边土壤、工业废弃地、采矿区、工业园区、污水灌溉区、采油区、固废集中处理处置场地以及干线公路两侧等局部地区,尤其是耕地、工矿业废弃地环境污染易引起次生环境问题,已引起社会各方的广泛关注。2012年3月出台的《我国国民经济和社会发展十二五规划纲要》将节能环保列为七大战略性新兴产业之首,其中,土壤修复亦在环保产业的重点发展之列,并明确提出要强化土壤污染防治监督管理,昭示了污染场地修复已上升到国家战略层面。2018年8月31日通过并于2019年1月1日生效的我国首部土壤污染防治相关法律——《中华人民共和国土壤污染防治法》的出台,意味着污染场地治理不再只是停留在政策和法规层面,而是要落实到实际土壤污染治理工作中。

　　与大气污染和水污染的治理不同,污染场地修复工作耗资大、耗时长、处理过程复杂,很容易产生二次污染。再加上我国污染场地治理面临的形势很复杂,污染类型多样,呈现新老污染物并存、无机有机复合污染物并存的局面,注定了污染场地治理、修复是一项任重道远的系统工程,其难度也可想而知。此外,虽然场地污染问题与水污染、大气污染问题在历史上是同时出现的,但由于场地污染治理问题在初期未得到重视,以至于我国污染场地治理、修复行业起步较晚,目前的成熟程度也远落后于水、大气、固废治理行业,相关专业的学习书籍也比较少,而且大都是理论类,给初学土壤环境修复基础知识的学生、实操人员(尤其是初步踏入污染场地治理、修复的工作人员)来说,学习起来比较痛苦,难以快速掌握相关技巧和方法。

　　本书从实际应用出发,精选了国内外有代表性的污染场地调查、评估、修复案例,研究分析污染场地治理、修复的实际操作步骤、方法和技巧,以专家点评、专家建议的方式进行评述,力求浅显易懂,有利于读者获得启迪并快速掌握其要领。

　　本书的出版得到东华大学研究生课程(教材)建设项目资助。书中引用了国内外一些土壤调查与修复案例,并做文献引用,有引用错误或不完整之处,敬请谅解。

　　鉴于知识和能力的局限,书中难免出现错误和不妥之处,恳请读者批评指正。

编　者

2019 年 4 月 10 日

目 录

第一章

土壤污染与防治基础

1.1 土壤污染防治政策、法律、法规概览

1.1.1 国家层面的政策、法律、法规

在我国的环境保护发展历程上,土壤污染防治问题实际上是和水污染、大气污染防治同时出现的,但由于对其重视程度不够和资金不足,我国土壤修复行业的起步较晚,目前的行业成熟程度远落后于水、大气、固废治理行业。但是,近年来国家已经开始意识到土壤污染问题的严重性和污染场地治理修复的重要性,尤其是《我国国民经济和社会发展十二五规划纲要》的出台,意味着土壤修复的春天到来,因为该纲要将节能环保列为七大战略性新兴产业之首。其中,土壤修复在环保产业的重点发展之列,并明确提出要强化土壤污染防治监督管理。随后,相关的政策、法律、法规如雨后春笋般陆续出台。

1) 国务院 2016 年 5 月印发了《土壤污染防治行动计划》,提出到 2020 年,全国土壤污染加重趋势得到初步遏制,土壤环境质量总体保持稳定,农用地和建设用地土壤环境安全得到基本保障,土壤环境风险得到基本管控;到 2030 年,全国土壤环境质量稳中向好,农用地和建设用地土壤环境安全得到有效保障,土壤环境风险得到全面管控;到 20 世纪中叶,土壤环境质量全面改善,生态系统实现良性循环。该行动计划还强调:到 2020 年,受污染耕地安全利用率达到 90% 左右,污染场地安全利用率达到 90% 以上;到 2030 年,受污染耕地安全利用率达到 95% 以上,污染场地安全利用率达到 95% 以上。

2) 环境保护部 2016 年 12 月颁布、2017 年 7 月 1 日起实施的《污染地块土壤环境管理办法(试行)》将拟收回或已收回土地使用权的有色金属冶炼、石油加工、化工、焦化、电镀、制革等行业企业用地,以及土地用途拟变更为居住和商业、学校、医疗、养老机构等公共设施用地的疑似污染地块和污染地块作为重点监管对象;对土地用途变更为上述公共设施用地的疑似污染地块和污染地块,重点开展环境初步调查、人体健康风险评估和风险管控;对暂不开发的污染场地,开展以防治污染扩散为目的的环境风险评估和风险管控。

3) 2017 年 2 月,国土资源部、国家发展和改革委员会印发《全国土地整治规划

2016—2020》(国土资发[2017]2号),提出了"十三五"时期土地整治的目标任务是:确保建成4亿亩*、力争建成6亿亩高标准农田,全国基本农田整治率达到60%;补充耕地2 000万亩,改造中低等耕地2亿亩左右,整理农村建设用地600万亩;改造开发600万亩城镇低效用地。

4) 2017年9月,原环境保护部、原农业部联合公布《农用地土壤环境管理办法(试行)》(以下简称《办法》),《办法》主要用于指导县级以上环境保护和农业主管部门组织实施农用地土壤污染预防、土壤污染状况调查、环境监测、环境质量类别划分、农用地土壤优先保护、监督管理等工作。《办法》的制定有助于农用地土壤环境保护监督管理,保护农用地土壤环境,管控农用地土壤环境风险,保障农产品质量安全;有利于提高公众土壤环境保护意识,为《土壤污染防治法》立法工作提供支撑,推动农用地土壤环境管理相关工作的有序开展,促进相关产业及市场的健康发展。

5) 2018年8月31日,第十三届全国人大常委会第五次会议通过了《中华人民共和国土壤污染防治法》(简称《土壤污染防治法》),并于2019年1月1日生效。作为我国首部土壤污染防治相关法律,该法的出台完善了污染土地风险管控的法律体系。

《土壤污染防治法》出台的意义在于:一是在预防为主、保护优先、防治结合、风险管控等总体思路下,根据土壤污染防治的实际工作需要,设计法律制度的总体框架;二是根据土壤污染及其防治的特殊性,采取分类管理、风险管控等有针对性的措施;三是提出预防为主(从源头上减少土壤污染)、风险管控(阻断土壤污染影响大众生活)和污染者担责(谁污染,谁治理)的三大对策。

随着《土壤污染防治行动计划》的发布以及《土壤污染防治法》等法律法规、实施细则及管理办法的起草和制定,有望在未来几年内陆续出台土壤修复相关法规政策,完善我国土壤修复法律体系,为我国场地污染修复行业提供更加详细的指导意见,推动我国污染场地修复行业的有序发展。

1.1.2 地方层面的政策、法规

在早期,全国只有部分地区开展了土壤修复项目,如北京、上海和重庆等,目前这些地区的土壤修复发展程度较高。近年来,随着国家在土壤、地下水污染防治方面的政策、法律、法规的出台,各地政府也逐渐加强了对土壤、地下水污染防治及修复的重视程度,很多地区先行先试,密集发布了相关政策、法规(表1-1),尤其是一些工业大省和农业大省。如今土壤、地下水修复在全国各地已经得到了相当程度的重视。

表1-1 部分地区发布的相关政策、法规

时 间	地 区	政策、法规名称
2017年1月	贵州省	贵州省土壤污染防治工作方案
	山东省	山东省土壤污染防治工作方案

---

* 1亩≈666.7 m²。

（续表）

时　间	地　区	政策、法规名称
2017 年 1 月	浙江省	浙江省土壤污染防治工作方案
	江苏省	江苏省土壤污染防治工作方案
2017 年 8 月	广州市	广州市工业企业场地环境调查、修复、效果评估文件技术要点

1.2　污染场地修复技术概览

1.2.1　土壤污染修复技术

土壤修复是指利用物理、化学和生物的方法转移、吸收、降解和转化土壤中的污染物，使其浓度降低到可接受水平，或将有毒有害的污染物转化为无害的物质。从根本上说，污染土壤修复的技术原理可概括为：一是改变污染物在土壤中的存在形态或同土壤的结合方式，降低其在环境中的可迁移性与生物可利用性；二是降低土壤中有害物质的浓度。土壤污染修复技术分类如表 1－2 所示。

表 1－2　土壤污染修复技术分类

分　类		技　术　方　法
按修复场地分类	原位修复	土壤气相抽提、生物通风、热脱附、固化/稳定化、微生物修复等
	异位修复	土壤清洗、热解吸、焚烧法、填埋法、生物污泥反应器法、化学淋洗法、化学氧化法、水泥窑协同等
按技术类别分类	物理修复	气相抽提、热解吸、热脱附、微生物修复、物理/机械分离、电修复等
	化学修复	化学淋洗法、溶剂萃取法、化学氧化法、化学还原法、固化/稳定化等
	生物修复	生物通风、生物污泥反应器法、预制床法等
	植物修复	植物提取、植物挥发、植物固化等

（1）物理修复技术

物理修复技术的主要原理是运用物理技术将污染物从土壤介质中分离出来。一般情况下，物理修复技术包括物理分离技术、热力学修复技术、热解吸修复技术、真空蒸气抽提修复技术、固化填埋修复技术、玻璃固定化修复技术以及冰冻修复技术等，其中应用最广泛的就是热力学修复技术。物理修复技术最大的优点在于实施时间短，各种污染物都可以进行处理；缺点是固化体易重新释放，处理工程较大，随之所带来的问题就是处理成本也就较高。

目前，我国常见的有机农药污染土壤修复技术为物理修复技术，即利用压力等物理相关因素进行控制，将土壤中的污染物提取出来，从而降低污染物的含量。实际应用案例中，常见的物理修复技术有很多，每种修复技术具有不同的优势与缺陷，比如：

1）蒸汽浸提修复技术，即在土壤当中架设输热管道，通过输热管道提升土壤内部温度，以使土壤中的水分蒸发，从而将污染物带出。该方法适用性较强，而且不会对土壤造成较大破坏,但该方法会受到很多因素的约束,如土壤的一致性、地下水位的高低等。

2)热化法修复是通过直接加热处理的方式,或通过红外线、微波辐射等方式进行加热处理,把土壤当中的物质加热至特定的温度,从而使得土壤中的某些可挥发性污染物能够在最短时间内得到气化,抑或对可挥发性污染物进行收集处理,将土壤中污染物的浓度控制在最小的范围。热化法修复技术对能耗有着非常高的要求,通常要求土壤具备良好的渗透性特征,仅仅适用于具有良好挥发性的土壤污染物的修复性处理。

3)热脱附技术的工作原理是借助热能促使污染物的挥发性得到不断提高,把污染物从污染土壤、沉积物当中逐渐分离开来,同时将这些污染物进行集中处理。其与过去传统的处理技术对比来看,热脱附技术的优势是非常明显的,设备可进行灵活的移动,其在污染物处理上的应用非常广泛,再经修复的土壤可进行可循环性利用。特别是在对 PCBs 类含氯有机物的处理上热脱附技术是非常适用的,并能够防止二噁英的形成。由此看出,热脱附技术在性能方面呈现出非常明显的优势,目前在欧美国家的土壤修复中得到了广泛的应用,在有机污染土壤修复方面获得的成就是十分显著的。

(2)化学修复技术

化学修复技术的主要原理是运用化学手段来破坏污染物的化学成分,例如改变污染物的化学性质,从而达到降低污染物浓度的目的。化学修复技术一般包括化学改良技术、化学氧化技术、化学还原(如还原脱氯技术)、化学淋洗技术、溶剂浸提技术以及电动修复技术。与物理修复技术相比,土壤污染的化学修复技术发展比较早,目前应用最广泛的就是化学改良技术中的固化/稳定化技术,这种技术被美国环保署称为处理有毒有害废弃物的最佳技术,但对其长期有效性必须时时监管。

固化/稳定化技术对污染介质当中的污染物进行固定处理,确保污染物处在一种稳定的状态下,这就是我们常说的固化/稳定化技术。此技术能够将稳定剂与被污染的土壤有效地混合在一起,通过化学或物理方式把污染物对自然环境造成的污染控制在最小的状态。固化/稳定化技术在一定程度上实现了对多类别复杂金属废弃物的有效处理,从而把固体毒性保持在最低的状态,并且稳定性能大大增强,整体处置成本是非常低的,因此在土壤重金属污染的短时间控制上得到了广泛的使用,并且在多种重金属及有机物复合污染土壤及放射性物质污染土壤的无害化处理方面呈现出显著的优势。除此之外,污染物埋藏深度、有机质含量等都会在不同程度上对固化/稳定化技术作用带来影响。环保行业最常用的化学固化剂有石灰、碱性磷酸盐、沸石等。

(3)生物修复技术

生物修复技术的主要原理是运用有机物与有机污染物进行共代谢,从而降解有机污染物。利用微生物对土壤中的重金属及有机物毒性进行不断地调整与降低,对土壤中的重金属与有机物进行吸附处理,可促使根际的微环境产生根本性的转变,可以说,微生物修复技术在重金属及有机物无害化处理方面发挥着至关重要的作用。生物修复技术主要包括微生物修复技术与植物修复技术两种。利用微生物的降解作用发展的微生物修复技术是目前我国应用最多的一种技术,近年来,我国已经开展了利用有机砷和持久性有机污染物来修复污染土壤,目前,正在发展微生物修复与其他现场修复工程的嫁接和移植技术,以及具有针对性强、高效快捷成本低等优点的微生物修复设备,以实现微生物技术工程化的应用。

当然,在实际污染场地修复时,一般选用以上一种或多种技术耦合,以便降低或消除多种复杂污染物对土壤质量的影响。

1.2.2 地下水修复技术

地下水修复是指采用抽提、气提、空气吹脱、生物修复、渗透反应墙、原位化学修复、电化学动力修复等技术使受污染的地下水恢复到原有水质。

（1）抽提技术

抽提处理是采用水泵将地下水抽出来,在地面得到合理的净化处理,并将处理后的水重新注入地下或排入地表水体。这种处理方式对抽取出来的水中的污染物能够进行高效去除,但不能保证全部地下水中（尤其是岩层中）的污染物得到有效去除。

（2）气提技术

气提技术是用真空泵和井,在受污染区域利用负压诱导或正压产生气流,将吸附态、溶解态或自由相的污染物转变为气相,抽提到地面,然后再进行收集和处理。典型的气提系统包括抽提井、真空泵、湿度分离装置、气体收集装置、气体净化处理装置和附属设备等。气提技术适用于渗透性均质较好的地层。

气提技术的主要优点包括:

1）能够原位操作,比较简单,对周围干扰小;

2）能有效去除挥发性有机物;

3）在可接受的成本范围内,能够处理较多的受污染地下水;

4）系统容易安装和转移;

5）容易与其他技术组合使用。

在美国,气提技术几乎已经成为修复受加油站污染的地下水和土层的标准技术。

（3）空气吹脱技术

空气吹脱是指在一定的压力条件下,将压缩空气注入受污染区域,将溶解在地下水中的挥发性化合物、吸附在土颗粒表面上的化合物以及阻塞在土壤空隙中的化合物驱赶出来。空气吹脱包括以下三个过程:

1）现场空气吹脱;

2）挥发性有机物的挥发;

3）有机物的好氧生物降解。

相比较而言,吹脱和挥发作用进行较快,而生物降解相对缓慢。在实际应用中,通常将空气吹脱技术与气提技术组合,可起到单一技术无法达到的效果。

（4）生物修复技术

生物修复是利用微生物降解地下水中污染物,并将其最终转化为无机物质的技术,分为原位强化生物修复法和生物反应器法。原位强化生物修复是在污染土壤不被搅动情况下,在原位和易残留部位进行处理。这个系统主要是将抽提地下水系统和回注系统

（注入空气或 H_2O_2、营养物和已驯化的微生物）结合起来,来强化有机污染物的生物降解。而生物反应器的处理方法是强化生物修复方法的改进,就是将地下水抽提到地上用生物反应器加以处理的过程。近年来,生物反应器的种类得到了较大的发展。连泵式生物反应器、连续循环升流床反应器、泥浆生物反应器等在修复污染的地下水方面已初见成效。

（5）渗透反应墙技术

渗透反应墙（PRB）技术是近年来迅速发展的适用于地下水污染的原位修复技术,又称为活性渗滤墙。它是在污染物区域下游设置具有高渗透性的活性材料墙体,使得地下水中的污染物被截留并得到处理,地下水得到净化。美国环保署（USEPA）将 PRB 定义为一个填充有活性材料的被动反应区,当含有污染物的地下水在天然水力坡度下通过预先设计好的介质时,溶解的有机物、金属、核素等污染物能被降解、吸附、沉淀或去除。屏障中含有降解挥发性有机物的还原剂、固定金属的络（螯）合剂、微生物生长繁殖所需的营养物和氧气或其他物质。其中,活性材料的选择是 PRB 修复效果良好与否的关键。活性材料通常要求具有以下特性:

1）对污染物吸附降解能力强,活性保持时间长;

2）在天然地下水条件下保持稳定;

3）墙体变形较小;

4）抗腐蚀性较好;

5）材料稳定性好,生态安全性良好,不能导致有害副产品进入地下水。

当前,实验室研究的活性材料主要有:用于物理吸附的活性炭、沸石、有机黏土;用于化学吸附的磷酸盐、石灰石、零价 Fe 和生物作用的微生物材料等。目前,最常用的材料为零价铁。

与传统的地下水处理技术相比较,PRB 技术是一个无须外加动力的被动系统。特别是该处理系统的运转在地下进行,不占地面空间,比原来的泵抽取技术要经济、便捷。PRB 一旦安装完毕,除某些情况下需要更换墙体反应材料外,几乎不需要其他运行和维护费用。实践表明,与传统的地下水抽出再处理方式相比,该基础操作费用要节约 30% 以上。

（6）原位化学修复技术

化学还原修复技术是利用化学还原剂将污染环境中的污染物质还原从而去除的方法,多用于地下水的污染治理,是目前在欧美等发达国家新兴的用于原位去除污染水中有害组分的方法,主要修复地下水中对还原作用敏感的污染物,如铬酸盐、硝酸盐和一些氯代试剂,通常反应区设在污染土壤的下方或污染源附近的含水土层中。根据采用的不同还原剂,化学还原修复法可以分为活泼金属还原法和催化还原法。前者以铁、铝、锌等金属单质为还原剂,后者以氢气及甲酸、甲醇等为还原剂,一般都必须有催化剂才能使反应进行。常用的还原剂有 SO_2、H_2S 气体和零价 Fe 胶体等。其中零价 Fe 胶体是很强的还原剂,能够还原硝酸盐为亚硝酸盐、氮气或氨氮。零价 Fe 胶体能够脱掉很多氯代试剂中的氯离子,并将可迁移的含氧阴离子和含氧阳离子转化成难迁移态。零价 Fe 既可以通过井注射,又可以放置在污染物流经的路线上,或者直接向天然含水土层中注射微米甚至纳米零价 Fe 胶体。

（7）电化学动力修复技术

电化学动力修复技术是一种新的环境修复技术,它借助地下水、土壤以及污染物电动力学的性质进行环境修复。具体来说,在受到污染的土壤区域和地下水区域插入电极并通直流电,使得该区域形成电场,而电场的作用使水中的颗粒物质和离子等随着电力场的方向进行定向移动,它们最终会移动至预先设置好的处理区中,之后这些离子和颗粒物质会在处理区受到集中处理。

在实际选择地下水修复技术时,应针对地下水污染的特点择优选取修复技术。针对重金属污染地下水可选用沉淀法或吸附法,对有机污染物污染地下水可选用高级氧化法,对复杂污染物污染地下水可选用多种技术耦合。

第二章
场地环境初步调查案例分析

摘要

某场地,总面积约 99 亩。该场地北侧区域历史用地性质为工业用地,分布的企业有日用化学品厂、机械电子有限公司、机模厂、家具有限公司、机电装备有限公司、电器有限公司。目前,场地内企业厂房建筑物及生产设备已全部拆除完毕。场地南侧区域一直作为农田和宅基地使用。根据土地规划,未来作为居住用地开发。

根据《国务院关于印发土壤污染防治行动计划的通知》(国发〔2016〕31 号)、《关于保障工业企业场地再开发利用环境安全的通知》(环发〔2012〕140 号)、《建设用地土壤环境调查评估技术指南》(2017 年 72 号)、《污染地块土壤环境管理办法(试行)》(环境保护部令第 42 号)和《某市经营性用地和工业用地全生命周期管理土壤环境保护管理办法》(某市环保防〔2016〕226 号)的要求,现对该场地开展场地环境调查工作。

本次初步环境调查场地用途,按照 40 m×40 m 系统分区布点和专家判断法布设土壤采样点 28 个,地下水监测井 14 口。本次采样分析的测定项目主要包括 pH、重金属、挥发性有机物、半挥发性有机物和总石油烃。另外结合场地污染现状调查和某市场地调查相关技术规范要求,对地下水样品进行了 35 项常规指标的测定。

场地初步环境调查的结果显示:

场地土壤样品重金属检出指标中,镍、砷、锑和铅存在超标点位,超标点位数分别为3、1、1 和 1,超标倍数分别为 0.48 倍、0.05 倍、1.73 倍和 4.70 倍。其余检出的重金属中六价铬、三价铬、铍、镉、铜、银、锌、汞的检出值均低于《某市场地土壤环境健康风险评估筛选值(试行)》中敏感用地筛选值。土壤样品有机物超标指标为苯并(a)蒽、苯并(b)荧蒽、苯并(a)芘、二苯并(a,h)蒽、茚并(1,2,3 - cd)芘,超标点位数分别为 2、2、2、2、1,五种超标指标的最大超标倍数分别为 16.85 倍、4.20 倍、5.98 倍、6.00 倍、1.36 倍。其余检出的有机物指标均未超过美国环保署区域土壤筛选值(USEPA - RSL,更新至 2015 年 6 月)。土壤样品石油烃指标未超标[注意:现在都按照《土壤环境质量 建设用地土壤污染风险管控标准(试行)》(GB 36600 - 2018)执行,《某市场地土壤环境健康风险评估筛选值(试行)》中敏感用地筛选值不再使用]。

地下水样品重金属检出指标中,钡、镉、铜、铁、铅、锰、钼、镍的检出值均满足《地下水质量标准》(GB/T 14848-93)中的Ⅲ级标准。场地地下水样品检出有机物中超标点位有 2 个,超标指标有 6 个,分别是 1,2-二氯丙烷、1,1-二氯乙烷、1,2-二氯乙烷、三氯乙烯、1,1,2-三氯乙烷、三氯甲烷(氯仿),最大超标倍数分别是 2.18 倍、43.44 倍、8.56 倍、8.18 倍、1.5 倍、12.18 倍。其余地下水点位有机物检出指标均未超过美国 EPA 通用筛选值(USEPA-RSL,更新至 2015 年 6 月)中基于饮用地下水途径的筛选值。地下水样品中石油烃未检出[注意:《地下水质量标准》(GB/T 14848-93)已经被《地下水质量标准》(GB/T 14848-2017)替代]。

专家点评 ┄┄┄┄┄┄┄┄┄┄┄┄┄┄┄┄┄┄┄┄┄┄┄┄┄┄┄┄┄┄┄┄┄┄┄┄

摘要非常重要,写好了可起到画龙点睛的作用,很容易引起专家的共鸣,评审时也容易通过。希望大家在写摘要时,做到以下几点:

◎ 注意编制摘要的内容要交代全面,一般包括场地简单信息、用地历史、用地规划、编制依据、布点、取样和监测因子、监测结果、评价达标情况和结论等,不要漏项,不要啰唆,一般三分之二页或更少一点,复杂场地可以写长一点;

◎ 关于地表水和河道污泥的评价一般不写到摘要里;

◎ 尽量避免结论不清晰,初步结果必须包含的要素有场地原始用途、规划用途、布点方法、取样情况、调查和评价依据、土壤和地下水有关检测指标达到或超过某限值或标准、场地是否需要进一步进行详细调查和健康风险评估工作等内容;

◎ 注意不要面面俱到,要重点突出。

上面初步调查案例摘要改进之处:超标点位要表达出来;仔细核对超标因子和超标依据;结论中没有地下水的相关结果描述;避免文字错误。

┄┄

根据目前场地环境初步调查的结果,建议场地进入详细调查阶段。针对超出敏感用地土壤筛选值和地下水标准的点位,进行加密布点采样分析,进一步确定场地中应关注污染物的种类、浓度水平和空间分布,并结合健康风险评估工作,确定场地污染带来的健康风险是否可接受,依据场地初步修复目标值划定修复范围[注意:按照《土壤环境质量 建设用地土壤污染风险管控标准(试行)》(GB 36600-2018)和《地下水质量标准》(GB/T 14848-2017)要求执行]。

2.1 场地环境初步调查概述

2.1.1 调查的目的和原则

2.1.1.1 调查目的

为全面实施"总量锁定、增量递减、存量优化、流量增效、质量提高"的基本策略,充分发挥土地资源市场配置作用,加强土地全生命周期管理,特开展场地环境调查工作,调查的主要目的包括以下几点。

1)通过资料收集和现场踏勘,掌握场地及周围区域的自然和社会信息,并初步识别场地及周围区域会导致潜在土壤和地下水环境责任的环境影响及监测的目标物质。通过土壤和地下水样品采集和分析,初步掌握该场地的土壤和地下水环境质量状况。

2)根据场地土壤及地下水调查数据,以场地未来用地规划为基础,结合场地条件,判断场地土壤及地下水环境质量水平以及是否需要对场地土壤及地下水进行进一步详细调查。

3)评价土壤和地下水环境质量。根据土壤和地下水样品实验室检测结果,参照相关评价标准,对该场地监测的目标污染物进行评价,为场地后续开发提供技术支持。

4)提出有针对性的结论及建议。在场地土壤和地下水环境质量评价的基础上,针对该场地规划用途,对存在环境质量问题、安全隐患的区域提出有针对性的建议及措施。

专家点评

大家在写土壤环境调查目的时,容易存在按照相关文件的写法照抄的情况,实际上不同的场地调查重点不一样,场地的地理位置、气候条件、水文地质、场地周围环境、场地污染发生时长等都影响场地土壤和地下水质量状况,因此每个报告调查的目的不同,调查重点更不同。而调查目的又是土壤环境质量调查工作的灵魂,故每一个调查场地的调查目的都要仔细构思和设计,并在调查过程中进行修正。

◎ 敏感用地主要调查场地土壤和地下水中各监测因子水平是否达到敏感用地的标准,超标因子水平是否处于致癌和非致癌风险管控范围内,是否需要修复,修复的方法如何优选等。

◎ 工业用地主要调查场地土壤和地下水中各监测因子水平是否达到非敏感用地的标准,超标因子水平是否处于致癌和非致癌风险管控范围内,是否需要修复,修复的方法如何优选等。

◎ 耕地以调查场地土壤和地下水中各监测因子水平是否达到耕地用地的标准(如土壤质量标准、食用农产品产地环境质量评价标准等),超标因子水平是否处于致癌和非致癌风险管控范围内,是否需要修复,修复的方法如何优选等。

2.1.1.2　调查原则

1)针对性原则。根据场地的特征,开展有针对性地调查,为场地的环境管理提供依据。采用程序化和系统化的方式规范场地环境初步调查的行为,保证评估工作的科学性和客观性。

2)实用性原则。充分考虑国内技术条件和实践经验,细化各项工作方法,规范场地环境调查方法、风险评估方法、治理修复方案编制方法、环境监理工作方法、修复工程验收方法等,增加可操作性,便于实施与推广。

3)统筹性原则。在场地环境调查、风险评估以及污染场地治理修复、环境监理、验收等方面,吸收国内外先进的经验,统筹考虑土壤和地下水,并根据污染场地全过程管理原则,完善管理框架和技术体系,便于逐步推进经营性用地场地环境保护工作。

4)可操作性原则。通过对项目场地历史上曾经历过的活动的了解,针对场地特征与潜在污染物进行场地调查。同时严格遵循国家及地方有关环境法律、法规和技术导则,规范场地调查过程,保证调查过程的科学性和客观性。

专家点评

大家在写土壤环境调查原则时,往往按照国家或地方有关文件的写法照抄,实际上不同的场地调查重点不一样,调查的原则也有区别,故每一个调查场地的调查原则都要有针对性。希望大家注意以下几点:

◎ 在用程序化和系统化的方式规范场地环境调查的基础上,根据场地特征确定调查重点;

◎ 根据场地特征,选用的各种调查方法要实用、经济、有效和简单;

◎ 根据场地特征,选择布点、打井、取样、监测和评价等各种方法。

2.1.2　调查依据

2.1.2.1　法律、法规及相关政策

1)《中华人民共和国环境保护法》(2015年修订);

2)《中华人民共和国水土保持法》(2011年修订);

3)《中华人民共和国固体废物污染环境防治法》(2015年修订);

4)《中华人民共和国城乡规划法》(2008年);

5)《关于切实做好企业搬迁过程中环境污染防治工作的通知》(环办[2004]47号);

6)《国务院关于落实科学发展观加强环境保护的决定》(国发[2005]39号);

7)《关于加强土壤污染状况防治工作的意见》(环发[2008]48号);

8)《关于保障工业企业场地再开发利用环境安全的通知》(环发[2012]140号);

9)《国务院办公厅关于印发近期土壤环境保护和综合治理工作安排》(国办发[2013]7号);

10)《建设用地土壤环境调查评估技术指南》(环发[2017]72号);

11)《国务院关于印发土壤污染防治行动计划的通知》(国发[2016]31号);

12)《关于加强本市工业用地出让管理的若干规定》(某府办[2016]23号);

13)《关于保障工业企业及市政场地再开发利用环境安全的管理办法》(某市环保防[2014]188号);

14)《某市经营性用地和工业用地全生命周期管理土壤环境保护管理办法》(某环保防[2016]226号);

15)《关于加强本市经营性用地出让管理的若干规定(试行)的通知》(某府办[2015]30号)。

2.1.2.2　标准、规范和技术导则

1)《土壤环境质量　农用地土壤污染风险管控标准(试行)》(GB 15618－2018);

2)《土壤环境质量　建设用地土壤污染风险管控标准(试行)》(GB 36600－2018);

3)《地下水环境质量标准》(GB/T 14848－2017);

4)《地表水环境质量标准》(GB 3838－2002);

5)《土的工程分类标准》(GB/T 50145－2007);

6)《建设用地土壤污染风险筛选指导值(三次征求意见稿)》;

7)《土壤环境监测技术规范》(HJ/T 166－2004);

8)《地下水环境监测技术规范》(HJ/T 164－2004);

9)《场地环境调查技术导则》(HJ 25.1－2014);

10)《场地环境监测技术导则》(HJ 25.2－2014);

11)《污染场地风险评估技术导则》(HJ 25.3－2014);

12)《工业企业场地环境调查评估与修复工作指南(试行)》(环保部);

13)《污染场地术语》(HJ 682－2014);

14)《水质采样技术指导》(HJ 494－2009);

15)《水质采样　样品的保存和管理技术规定》(HJ 493－2009);

16)《水文地质钻探规程》(DZ－T0148－1994);

17)《场地土壤环境风险评价筛选值》(DB11/T811－2011);

18)《某市场地环境监测技术规范》(2016年);

19)《某市场地环境调查技术规范》(2016年);

20)《生活饮用水卫生标准》(GB 5749－2006);

21)《某市经营性用地全生命周期管理场地环境保护技术指南(试行)》(2016年);

22)《某市场地土壤环境健康风险评估筛选值(试行)》(2015年);

23)《某市工业用地全生命周期管理场地环境保护技术指南(试行)》(某环保防[2016]252号);

24)《岩土工程勘察规范》(DGJ 08－37－2012)。

2.1.2.3　其他相关文件

1)《某市水环境功能区划》(2011年修订版);

2)《某市某单元控制性详细规划》;

3）《中国土壤元素背景值》（中国环境监测总站主编，中国环境科学出版社 1990 年出版）。

专家点评

大家在写土壤环境调查依据时，往往搞不清法律、法规、政策、规范、导则和标准，也搞不清国家、行业和地方标准，因而容易导致不但写的编制依据乱、位置和顺序乱，工作内容的依据常常也不规范。希望大家注意以下几点：

◎ 注意编制依据和工作依据的法律效力时效、先后、范围等；

◎ 注意根据场地特征引用法律、法规、政策、标准和技术规范等；

◎ 根据场地特征，选择布点、打井、取样、监测等各种方法的法律依据；

◎ 根据土壤用途和场地特征选择土壤和地下水评价标准；

◎ 注意国内外标准引用顺序；

◎ 当所选择的标准、规范、方法等有多种选项时，注意以达到客观评价土壤和地下水环境质量为选择指南；

◎ 注意法律法规等的实效性，以及使用范围的区别。

2.1.2.4　评价标准

土壤样品评价因子参照《某市场地土壤环境健康风险评估筛选值（试行）》（2015 年）执行，个别无国内标准可对比的检测参数，参考美国马里兰州土壤清理值。

地下水样品评价因子参照《地下水环境质量标准》（GB/T 14848 - 2017）中Ⅲ类水质标准。考虑到该标准中有机污染物的参考标准有限，还应同时参考荷兰干预值（DIV，2009）和美国马里兰州地下水清理值（2008）。引用标准说明如下：

1）《土壤环境质量　建设用地土壤污染风险管控标准（试行）》（GB36600 - 2018）。本标准是为贯彻落实《中华人民共和国环境保护法》，加强建设用地土壤环境监管，管控污染场地对人体健康的风险，保障人居环境安全而制定。本标准规定了保护人体健康的建设用地土壤污染风险筛选值和管制值，以及监测、实施与监督要求。

2）《某市场地土壤环境健康风险评估筛选值（试行）》（2015 年）。该标准是某环境科学研究院起草，由某市环境保护局组织制订与实施。该标准规定了某市用于居住类敏感用地和工业类非敏感用地类型下的土壤健康风险评估筛选值及使用规则。适用于判定潜在污染场地再利用时是否需要开展详细调查和健康风险评估工作。

3）《中华人民共和国地下水环境质量标准》（GB/T 14848 - 2017）。该标准根据我国地下水水质现状、人体健康基准值及地下水质量保护目标，并参照生活用水、农业、工业用水水质要求，将地下水质量划分为 5 类。其中，Ⅰ 和Ⅱ类主要反映地下水化学组分的天然低背景和天然背景含量，适用于各种用途；Ⅲ类以人体健康基准值为依据，主要适用于集中式生活饮用水源及工、农业用水；第Ⅳ类水以农业和工业用水要求为依据。除适用于农业和部分工业用水外，适当处理后可以作为生活饮用水；第Ⅴ类水不宜饮用，其他用水可根据使用目的选用。本次评价引用了其中的第Ⅲ类水质标准。

4）荷兰地下水干预值（DIV,2009）。荷兰环境和城市规划部制定了两套土壤和地下水标准，即目标值（DSV）和干预值（DIV）。如果土壤或地下水的污染物浓度超过 DIV，就认定土壤或地下水已被污染，就说明该地区的人和动植物被这些污染物污染，受到严重影响。目标值（DSV）是土壤和地下水的基准值，这基准值在长时间内不会对生态系统产生影响，干预值（DIV）被认为是保护人类健康和环境的一个保守标准，它被广泛用在土壤和地下水质量标准领域没有相关法规标准要求的亚洲国家。浓度超过荷兰地下水干预值表明土壤或地下水可能受到了影响，应进一步调查以确认污染的性质和程度，为可能的修复做准备。

2.1.3 调查方法

依据相关场地环境调查要求，制定调查技术路线。场地调查工作主要程序依次为资料收集与分析、现场踏勘、人员访谈、制定工作方案、现场调查、样品检测分析和报告编写等。

2.1.3.1 资料收集与分析

收集的资料主要包括场地利用变迁资料、场地环境资料、场地相关记录、有关政府文件以及场地所在区域的自然和社会信息。如项目场地与相邻场地存在相互污染的可能，必须调查相邻场地的相关记录和资料。对所收集的资料进行统一整理，并分析其有效性及正确性。

2.1.3.2 现场踏勘注意事项

现场踏勘前要做好相应的安全防护，踏勘范围以场地内为主，主要内容有：场地的现状与历史情况、相邻场地的现状与历史情况、周围区域的现状与历史情况，以及区域的地质、水文和地形的描述等。

2.1.3.3 人员访谈原则

通过对知情人进行场地现状和历史的访谈，解答资料收集和现场踏勘过程中所涉及的疑问，并对未收集到的信息进行补充，达到对已有资料进行考证的目的。

2.1.3.4 制定工作方案策略

根据污染来源的可能性、场地历史变迁资料以及现场踏勘情况，参照相关法律法规（如《某市场地环境调查技术规范》及《某市场地环境监测技术规范》）的要求，制定针对项目场地的具体工作方案，包括核查已有信息，以及制定初步监测采样方案、健康和安全防护措施、样品分析方案、质量保证和质量控制等工作内容。

专家点评

大家在选择土壤和地下水环境评价标准时，一般因子的评价标准国内较齐全，比较容易选择，但遇到特殊因子时就比较难选择，由于土壤用途不同，标准的选用往往出错，当遇到多个标准时更应该慎之又慎。希望大家注意以下几点。

◎ 注意标准的法律效力时效、先后、范围等。优先选用本省(市)的地方标准或限值;国内标准优先选用;其次选用国内比较早的或国外的标准,不得选用过时或废止的标准。

◎ 注意场地土壤和地下水的用途,用途不同,标准各异,如敏感或非敏感用地选用标准限值不一样。

◎ 注意国内外土壤和地下水标准体系及其更新:

✓ 地下水质量标准(GB/T 14848-2017);

✓ 耕地用地质量标准,如《温室蔬菜产地环境质量评价标准》(HJ 333-2006)、《食用农产品产地环境质量评价标准》(HJ 332-2006)、《土壤环境质量农用地土壤污染风险管控标准(试行)》(GB 15618-2018);

✓ 美国土壤质量标准体系;

✓ 荷兰土壤质量标准体系。

◎ 注意省市以下政府机关出台的政策要求。

◎ 如果场地所在省(市)没有地方标准,一般选用2018年前后国家出台并实施的一些标准,不再选用《展览会用地土壤环境质量评价标准(暂行)》(HJ 350-2007)与《农用地土壤环境质量标准(征求意见稿)》。

◎ 注意一些特殊场地需选用其适用标准,如《拟开放场址土壤中剩余放射性可接受水平规定(暂行)》(HJ 53-2000)。

◎ 注意标准的地域、实效性。

大家在写工作方案时,容易按照国家或地方有关规范照抄,实际上调查工作分为初步调查、详细调查、风险评估和修复等不同环节,工作方案也应该细分。希望大家注意以下几点:

◎ 注意编制工作方案时间节点、先后顺序、范围等。

◎ 注意根据场地特征选用不同工作方案。

◎ 尽量避免抄袭导则中的普适方案,应有针对性地修改工作方案,细化并使其有可操作性。

◎ 注意工作方案的衔接,既要对调查的不同阶段进行工作交代和工作回顾,又要在方案中指出工作复查的条件和节点闭环。

◎ 工作方案要有纠错机制。

2.1.3.5　现场调查

根据项目方案,严格按照相关法律法规,如《岩土工程勘察规范》(DGJ08-37-2012)、《水质采样技术指导》(HJ 494-2009)和《水质采样-样品的保存和管理技术规定》(HJ 493-2009)等的相关规定,对场地环境展开调查(图2-1)。按照初步监测工作计划,采用相关技术设备进行土壤样品采集。

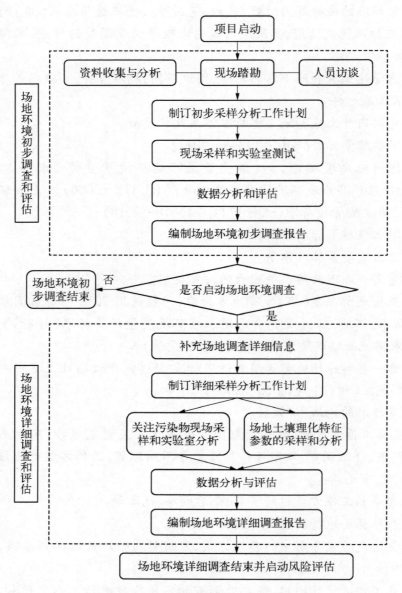

图 2-1 场地环境调查一般工作程序

2.1.3.6 样品检测分析资质要求

采集的土壤和地下水样品由具有相关资质的分析检测公司检测。

2.1.3.7 报告编写要求

根据前期收集的资料及实验室数据,严格落实相关技术规范的要求,比如《场地环境调查技术导则》(HJ 25.1-2014)、《场地环境监测技术导则》(HJ 25.2-2014)、《某市场地环境调查技术规范》和《某市场地环境监测技术规范》等中的要求,并完成报告编写。

2.2　场地概况

2.2.1　场地地理位置

该场地地理位置略*。

2.2.2　区域环境概况

（1）地形、地貌、地质

某区位于长江三角注入的东南前缘，境内地势地形平坦，平均海拔 4 m 左右（以吴淞基准点为标准）。土层深厚，一般厚度为 180~300 m。某区地貌为堆积地貌类型，是长江河口地段河流和潮汐相互作用下逐渐淤积形成的冲积平原，以滨海平原为主体。其形成总体上由西向东渐次推进。区内地势低平，起伏不大，由西向东略有升高，一般在 3.5~4.5 m。按地貌形态和成因，为河积平原、晚滨海平原，河积平原可分为黄浦江两个冲积平原。项目所在地某镇处于滨海平原。

晚滨海平原分布于早滨海平原以东，南北纵贯该区全境，是该区地貌的主体部分。地势较高，北部边缘因地面沉降而较低。沉积物主要为褐黄色亚黏土、亚砂土，厚度 3.4~6 m。

某市位于华北地震区的东南边缘，地震强度中等，频率较低，地震活动随大区地震而起伏，项目所在区域地震基本烈度为 7 度。

（2）气候、气象特征

闵行区属北亚热带海洋性季风气候，四季分明，日照充足，雨量适中，无霜期较长。主要气候特征是：春天温暖，夏天炎热，秋天凉爽，冬天阴冷，全年雨量适中，季节分配比较均匀。冬季受西伯利亚冷高压控制，盛行西北风，寒冷干燥；夏季在西太平洋副热带高压控制下，多东南风，暖热湿润；春秋是季风的转变期，多低温阴雨天气。主要气象灾害有高温、干旱、台风、暴雨、雷暴、冰雹、大风、寒潮、低温等。

（3）水系及水文特征

闵行区内水文属于黄浦江水系，为平原河网感潮区，区内河港纵横交叉，水系发达。

调查场地所在区域内河道较多，其中某河全长 14.1 km，河道宽 14~18 m，底宽 8~10 m，水深 8~10 m，常年平均流量 71 万 m³，可通航 60 吨以下船舶。河道的功能主要是排洪、灌溉和通航。

（4）地下水

调查场地境内地下水主要储存于松散岩类孔隙介质中，含水层次多，厚度大，浅层以微咸、半咸水为主，在地下 200 m 深处有一层 17 m 的含水层，主要为淡水，水量为 80 t/h，水温为 16~17℃。松散岩类孔隙水分为潜水和承压水，潜水含水层和微承压含水层埋深分别为 1~15 m 和 15~40 m。

---

*　在原报告中，此处有场地位置图，为保护评价对象的隐私，本书中删除了所有原评价报告的详细位置信息。

专家点评

在写调查报告时,对场地所在区域环境概况往往不很重视,写得没有章法,内容不详细,甚至颠三倒四、张冠李戴,学术性不强,起不到辅助说明场地污染源情况的作用。

◎ 区域环境概况内容包括自然位置、自然环境概况(地貌、地质、水文、土壤、气候、动植物等)、社会环境概况、环境功能区划、区域污染源概况。

◎ 场地所在的区域概况尽量详细叙述最小的行政区域、有较大关联的区域,尽可能增加有关区域环境质量历史发展情况。

◎ 自然环境状况的地貌、地质、水文往往分不清楚,彼此混淆,可找专业人士整理和修改。

◎ 数据要用最新的,不要出现地理位置错误、数据陈旧、文字错误、区域归属错误等情况。

2.2.3　场地调查范围

调查场地总面积为 66 031 m²(约 99 亩),全部为本次场地环境初步调查的范围*。调查对象为场地内的土壤及地下水。

专家点评

◎ 在写场地初步调查范围时,注意注明场地四周坐标,图例要明显,大小要合适,不能太小,最好能看清楚场地内的建筑等设施,标明比例尺。

◎ 指出场地面积、周围明显标志、路界、厂界、河界等,以及周边长度、与重要建筑的距离、与场外重要污染源的关系。

◎ 主要调查场地范围内的土壤、地下水、地表水、构筑物,特别是可能产生污染的外来堆土、污染设施、污染行为(如地上下储罐、污染处理设施、污染物储存设施等)。

◎ 对于污染严重的场地,特别是场外有污染源产生较强污染的场地,建议扩大调查范围,或和周围场地一并调研,防止调查不准确或调查后又出现场地污染情况反复。

◎ 对于场地调查后发现有污染、但又没发现明显污染源的,建议扩大调查范围,或在场地详细调查时尽可能找到污染源头,为场地修复打下基础。

2.2.4　场地周边敏感目标

调查场地周边环境敏感目标见表 2-1 所示。

---

　* 原报告中使用了 Googl Earth 图像描述调查范围,本书已删除。

表 2-1　周边敏感目标

序　号	方　位	距离/m	敏感目标
1	N	130	某居民区
2	E	320	某居民区
3	SW	210	某宅基地

专家点评

　　场地初步调查中对敏感目标的调查主要是为了在场地开发和以后的使用过程中避免发生影响敏感目标的事件,避免敏感目标中的人类受环境污染影响。为此,在调查和撰写过程中必须重视这一部分,且注意以下几点:

　　◎ 在写场地周边敏感目标时,注意注明场地边界多少范围内的敏感目标[一般要求 500 m 内,如果场地污染严重,特别是有挥发性污染物和臭气产生时,可适当扩大范围,建议参照《环境影响评价技术导则　大气环境》(HJ/T 2.2-93)中的评价范围选择敏感目标]。

　　◎ 敏感目标的信息要全面,最好列表给出敏感目标的方位、距离、人数、负责人、联系方式。图例中要标出各敏感目标位置,并与列表中一致,便于遇到问题时与敏感目标内的人联系。

　　◎ 本例中缺乏必要的文字说明,没有根据污染源产生的危害程度选择敏感保护目标的范围,图和表中图例、比例尺缺乏,各类信息缺乏。

　　◎ 对于污染严重的场地,特别是场外有污染源产生较强污染的,建议扩大场地调查范围,或和周围场地一并调研,防止调查不准确或者调查后又出现污染情况。

　　◎ 不要忘记编写场地环境周围 500 m 内存在的工业企业情况介绍,特别是其生产经营情况及其污染物产生、污染控制和可能对调查场地环境的影响。

　　◎ 注意在分析污染因子时,要写清楚,如写成重金属污染、氯代物污染等较大的物质类型,不利于后续调查工作的开展。

2.2.5　场地的现状和历史

　　(1) 场地的现状

　　该场地总面积为 66 031 m² (约 99 亩)。场地北侧区域历史用地性质为工业用地(约 33 738 m²),场地内工业企业厂房建筑物和生产设施现已全部拆除完毕,现场留有大量建筑垃圾。

　　场地南侧区域为某宅基地和绿地,面积约为 32 293 m²。根据 2016 年 7 月现场勘查,该宅基地正处于拆除阶段,尚未完全拆除,仍有部分居民居住。场地北侧和西侧有围墙。

现场踏勘了解到的场地现状情况如图2-2所示。

场地北侧区域建筑垃圾

场地南侧区域宅基地和绿地

图2-2 场地利用现状图

（2）场地的历史

该场地2002~2018年历史卫星影像如图2-3所示（图像来自 Google Earth）。根据图像可知,该地块北部建设用地及中部宅基地区域至少自2002年起已投入使用,而南部区域在2006年之前为农田或未投入使用的绿地,在2006~2008年转为宅基地投入使用。

200212	200511

（续图）

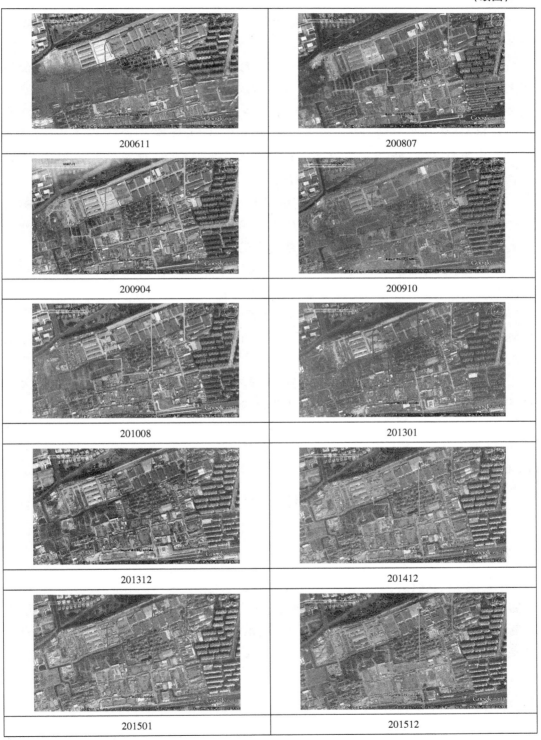

图2-3　场地历史卫星图

专家点评

踏勘和查证场地内现有的以及场地过去使用中可能造成土壤和地下水污染的异常迹象：包括可能造成土壤和地下水污染的物质的使用、生产、贮存情况，"三废"（废气、废水、废渣）处理、排放和泄漏状况，以及场地过去使用中留下的可能造成土壤和地下水污染的异常迹象（如罐、槽泄漏，废弃物临时堆放污染痕迹等）。这一部分在调查和撰写过程中不是大家不重视，但往往写得比较浅显，常以没有环评数据、场地已经整理、找不到合适的访谈人、找不到企业资料等为借口，简单写一写便应付了事，殊不知这种做法的后果很严重，很可能造成意想不到的后果，在撰写这一部分内容时应注意以下几点：

◎ 场地现状调查除了基本描述，敏感目标的信息要全面，最好列表给出敏感目标的方位、距离、人数、负责人、联系方式，图例中要标出各敏感目标位置，并与列表中一致，便于遇到问题时与敏感目标内的人联系；

◎ 本例中缺乏必要的文字说明，没有根据污染源的危害程度选择敏感保护目标的范围，图和表缺乏图例、比例尺及各类信息；

◎ 对于污染严重的场地，特别是场外有污染源产生较强污染的，建议扩大场地调查范围，或和周围场地一并调研，防止调查不准确或调查后又出现场地污染情况反复；

◎ 对于场地调查后发现有污染、但又没有发现明显污染的源的，建议扩大调查范围，或在场地详细调查时尽可能找到污染源头，为场地修复打下基础。

2.2.6 场地未来规划

根据收集到的资料，该场地未来规划用地性质为居住用地（注：应为第一类建设用地-居住用地）。

2.2.7 场地环境调查

根据前期资料收集、现场踏勘、人员访谈，该场地北侧区域历史用地性质为工业用地，历史分布的企业有某日用化学品厂、某机械电子有限公司、某机模厂、某家具有限公司、某机电装备有限公司、某电器有限公司。目前，场地内企业厂房建筑物及生产设备已全部拆除完毕。场地南侧区域一直作为农田和宅基地使用，有一处生活垃圾堆放点（约 6 m^2）。

场地内生产企业环境调查情况如表 2-2 所示。

2.2.8 相邻场地的现状和历史

该场地位于某市某区。本次调查场地西侧为农田和某驾校；北侧毗邻某路，隔路往北为某居住区；东侧为某外环某场地；南侧为某外环某场地。

表 2-2　调查场地

序号	企业名称	涉及的生产工艺	使用的原辅料	可能存在的污染
1	某日用化学品厂	原辅料调配、加热乳化	油脂、蜡、醇类有机溶剂、矿物油等	有机物、重金属、石油烃(注：应具体指出是哪些检测因子，不宜是大概的物质类别)
2	某机械电子有限公司	焊接、组装	型材、管件、润滑油	石油烃、有机物(注：应具体指出是哪些检测因子，不宜是大概的物质类别)
3	某机模厂	铸件、锻件、冲压件	焊接、打磨、热处理	重金属、有机物(注：应具体指出是哪些检测因子，不宜是大概的物质类别)
4	某家具有限公司	板材	打磨、喷涂	有机物(注：应具体指出是哪些检测因子，不宜是大概的物质类别)
5	某机电装备有限公司	焊接、组装	型材、管件、润滑油	石油烃、有机物(注：应具体指出是哪些检测因子，不宜是大概的物质类别)
6	某电器有限公司	焊接、组装	型材、管件、润滑油	石油烃、有机物(注：应具体指出是哪些检测因子，不宜是大概的物质类别)

调查场地周边紧邻的用地性质列于表 2-3 中。

表 2-3　相邻场地的现状和历史

与调查场地相对位置	相邻场地名称	现　　状	历　史　情　况
东	某外环某场地	厂房建筑物和生产设备均已拆除，现场留存大量建筑垃圾，还有未拆除的搬迁后的宅基地	某建筑机械设备有限公司、某精密机械有限公司、某化工装备技术有限公司生产厂区
南	某外环某场地	厂房建筑物及生产设施全部拆除完毕，场地内长有杂草，留有部分建筑垃圾，场地各侧有围墙阻挡	外方工贸公司、某运输有限公司、某混凝土制品有限公司生产厂区
西	某驾校	某驾校	某驾校、农田
北	居住区	某居住区	某居住区

2.2.9　第一阶段场地环境调查总结

该场地位于某市某工业园区，总面积为 66 031 m²(约 99 亩)。历史上主要作为工业用地和宅基地使用。

现场踏勘时，场地北侧区域历史工业用地范围内的工业企业厂房建筑物和生产设施现已全部拆除完毕，现场留有大量建筑垃圾。场地南侧区域为张家巷居民宅基地和绿地，目前仍有部分居民居住。

根据现场踏勘情况，结合场地使用的历史情况，初步判断该场地内的土壤和地下水存在重金属、有机物和石油烃污染的风险。场地内可能存在土壤或地下水污染的区域(REC)详见表 2-4 和分布图(注：图已删除)。

表 2-4　场地 REC 详情

序号	REC 编号	REC 描述	现场照片	可能的污染指标
1	REC-1	某日用化学品厂		有机物、重金属、石油烃
2	REC-2	某机械电子有限公司		石油烃、有机物
3	REC-3	某机电装备有限公司		重金属、有机物
4	REC-4	某电器有限公司		有机物
5	REC-5	某机模厂		石油烃、有机物
6	REC-6	某家具有限公司		石油烃、有机物
7	REC-7	生活垃圾堆放点		有机物、石油烃、重金属

专家点评

　　场地环境调查关系到后续调查工作的成败,如 REC 点、土壤和地下水影响因子的选取正确与否等。如果资料有误,会导致调查结果的错误,也可能造成环境污染事故,在撰写这一部分内容时注意避免以下几点:

　　◎ 场地环境调查方法不全面,调查应包括资料收集、现场踏勘、人员访谈等,有时甚至需要动用物探手段、无人机。其中调查资料包括地理位置工业活动有关资料、环评资料、污染源有关资料、污染防治措施、建筑资料、历史变迁资料、土壤有关性质和背景值、土壤植被、周围污染源,特别是工业企业有关资料、环评资料、敏感保护目标资料等。

◎ 访谈人员结构不合理,访谈人员信息、访谈内容不全面或访谈内容偏离了访谈目的。应该访谈了解场地历史的对象、当地环保局领导和了解情况的专家;要有每个人的基本信息,不能缺签字,做到可以回访。访谈是为了补充场地历史资料而采取的有效手段,但需要做到查缺补漏,而不是泛泛地问一些已经可以用现状证明的问题。人员访谈主要做以下工作:没有历史卫星云图的时间(如2000年以前)的场地历史如何、有无污染排放、排放口在哪里、排放污染类型或物质如何、污染事故及处理。

◎ 场地工业企业资料缺乏,特别是缺乏产生污染环节、控制污染环节、污染源可能分布及平面布置图等资料。

本项目中,REC做得比较好,但由于缺乏印证资料,对给出正确结论带来困难;没有指出具体污染物及其污染因子(或以大类的形式);没有有无化学品储藏点、废油罐、明显污染源、客土信息等。

2.3 初步监测工作计划

2.3.1 监测范围和监测介质

本次调查的监测范围为该场地。监测介质为场地内的土壤和地下水。根据某市浅层地下水水位较低的特点,场地土壤监测包括地表至地下0.2 m的表层土壤、0.2 m至地下水水位的深层土壤,以及位于地下水水位以下的饱和带土壤。地下水主要为场地边界内的地下水。

2.3.2 布点原则

1)对于地貌严重破坏以及无法确定历史生产活动和各类污染装置位置的工业用地场地,可采用系统布点法,将监测区域划分为面积不大于40 m×40 m的若干地块,在每个地块内布设一个监测点位。

2)农田/宅基地转性为经营性用地,对于非疑似污染地块以及地貌严重破坏场地,采用系统布点法,将监测区域划分为面积不大于80 m×80 m的若干地块,在每个地块内布设一个监测点位。

3)整个场地至少50%的监测点位要分三层采样,分别采集表层土壤、深层土壤以及饱和带土壤。对于污染物不易发生垂向迁移或饱和带土壤污染可能性较小的监测点位,以及地下水位较浅、无法采集深层土壤的监测点位,可分两层采样,分别采集表层土壤和深层土壤。

专家点评

界定场地初步调查范围和布点原则的主要目的是:在场地调查和以后的评估

时不会出现责任不清晰问题;不会出现不符合国家场地调查基本要求的情况;有利于使场地环境现状调查清楚、完整,不留死角。为此,在调查和撰写过程中必须重视,且注意以下几点:

◎ 在写场地调查范围时,注明能代表场地边界的明显标志,一般不需要超出场地边界。但是根据国家相关指南,当调查发现靠近边界土壤和地下水取样点位有明显的污染,如场地边界附近土壤可能受到本场地污染、需确定场地地下水污染的范围和场地周边存在环境敏感目标(如学校、居民区等)等情形时,应该扩大调查范围,以便准确掌握场地及其周围的环境质量现状,为场地开发和保护水土及其周围敏感目标打基础。

◎ 本例沿用某市的布点原则,但是值得注意的是这个原则适合面积较大的场地。小于 5 000 m^2 时布点原则为不少于 3 个土点;如果大于 5 000 m^2,又是工业场地,或者被污染严重场地,土壤布点不宜少于 6 个;水采样点不少于土壤采样点的50%,并可根据实际情况酌情增减。

4) 对地下水流向未知的场地,间隔一定距离按三角形或四边形至少布置 3 个点位,判断地下水流向。地下水总监测点位数量不少于土壤总监测点位数量的 50%。

2.3.3 布点方案

(1) 水平布点方案

根据《某市场地环境调查技术规范(试行)》和《某市场地环境监测技术规范(试行)》中的要求进行土壤采样点的布设。通过对前期已收集资料进行系统分析,结合场地现状调查的结果和场地设备、构筑物的拆除情况,经综合考虑,拟采用分区布点法进行布点。根据历史用地性质的不同,将调查区域划分为工业用区和宅基地区。工业用地区按照 40 m×40 m 网格进行点位布设,共布设 22 个监测点位。宅基地区按照 80 m×80 m 网格进行点位布设,共布设 6 个监测点位。实际调查采样时根据场地内实际污染分析情况,如REC 点位置,对采样点位置进行适当的调整。同时,在场地南侧农田区域选择一个布设点位作为对照点。

(2) 垂直布点方案

土壤采样深度分为两种情况:一种为仅需采集土壤样品的土壤采样点位,这些点位分别采集表层土壤(0~0.2 m)、深层土壤(0.2~地下水水位)两层土样即可,即采集 0.2 m、0.5 m、1.0 m、1.5 m、2.0 m(实际根据地下水水位深度确定)的土样;另外一种为土壤和地下水共用的土壤采样点位,这些点位分别采集表层土壤、深层土壤以及位于地下水位以下的饱和带土壤,即暂定采集 0.2 m、0.5 m、1.0 m、1.5 m、2.0 m、3.0 m、4.0 m、5.0 m、6.0 m 处(实际钻井采样时需根据当地的实际地质地层分布情况进行调整)的土样。

根据现场实际情况及项目开展条件,在上述 28 个土壤采样井中选择 14 个点,在采集土壤样品的同时制备地下水监测井,深度约 6 m。其中监测井底端 4.5 m 为筛管,顶端

1.5 m为白管。

（3）采样工作量统计

根据上述设置的土壤采样点,预计采样工作量:土壤采样井28口,其中14口井采集5份土壤样品,其余14口采集9份土壤样品,总计196份土壤样品,钻井深度预计112 m(成井深度);预设14口地下水采样井,采集14份地下水样品,地下水监测井合计84 m(成井深度)。采样点位分布如图2-4所示。

（4）现场采样调整原则

现场采样时如遇到以下情况则适当调整采样点位置及采样深度:采样时遇到厚度过大的混凝土地基,通过地面破碎后机器仍无法继续钻进,应适当调整采样点位置;遇强风化砂岩,机器无法钻进时,在点位周边钻进,多个点确认已钻探至基岩位置即停止钻探并记录。

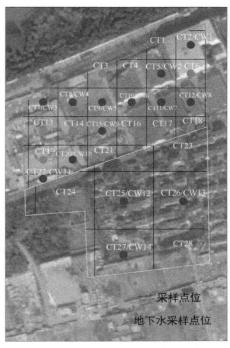

采样点位
地下水采样点位

图2-4　采样点位分布图

专家点评

布点方案是整个调查工作的重中之重,是在场地环境调查和资料分析的基础上,依据布点原则,根据地形、土壤污染状况进行布点,以便准确摸清土壤和地下水污染的真实状况,为场地开发利用打下坚实基础。取样是保证调查工作正确实施的根本保障。因此,在撰写这一部分内容时务必做到以下几点:

◎ 布点方案按照或参照国家或地方相关规范制定。

◎ 根据场地原来用途不同、污染程度不同划区布点。如本案例将污染场地划片为农田区和工业区,工业区按照40 m×40 m布点,农业区每80 m×80 m布一个点。要求画出分区图,指出各自面积;如有堆土、明显外来填土区、污染物排放区、储存区、污染事故区、物料储存区等可以另外增加布点;水样采集点一般减半。

◎ 在垂直方向上布点,一般纯土采样点取两个样,采集表层土壤(0~0.2 m)、深层土壤(0.2 m至地下水水位)两层土样即可。另外一种为土壤和地下水共用的土壤采样点位,这些点位分别采集表层土壤、深层土壤以及位于地下水位以下的饱和带土壤。一般土水复合井取三层样,纯土壤井取2层样。

◎ 每个场地在地下水上游设一个对照点。

◎ 各点位标明位置,并列表备查。

2.3.4 现场样品采集

样品采集拟采用"美国 Geoprobe 土壤及地下水钻井系统"。Geoprobe 设备是近年来专对土壤及地下水污染调查项目所设计研发的产品,其特有的 Direct Push 直接压入功能,改良了过去传统设备会破坏土壤原状的缺点,提升了工作效率,有利于快速进行现场作业,在美国、欧洲的污染场地调查工作中已得到大量应用。

(1)土壤样品采集

土壤采集方法参照《原状土取样技术标准》(JBJ 89 - 92)中的规定进行。对不同点位的土壤进行取样前应清洗钻头,用自来水和纯净水各清洗一遍后才能再次取样。取得的原状土封闭在管子里,完整取样管两头封闭后,送去专业检测公司进行检测分析。同时,对土壤样品标明编号等采样信息并做好现场记录。所有样品采集后应及时放入装有冷冻蓝冰的低温保温箱中,及时送至实验室进行分析。在样品运送过程中,确保保温箱能满足样品对低温的要求。

(2)地下水样品采集

监测井设立方法参照《地下水环境监测技术规范》(HJ/T 164 - 2004)。在进行地下水样品采集前需先洗井,目的是确保采集的水样可以代表周边含水层中的地下水,防止因井体中地下水长期处于顶空状态下发生变化。洗井时采用贝勒管进行,洗井汲水速率小于 2.5 L/min,以适当流速抽出 3~5 倍的井柱水体积,记录抽水开始时间,同时量测并记录汲出水的 pH、导电度及现场量测时间。并观察汲出水有无颜色、异样气味及杂质等,作好记录。洗井期间现场量测至少五次以上,直到最后连续三次符合各项参数的稳定标准,其量测值偏差范围为:① 水质参数,稳定标准;② pH,±0.2;③ 导电度,±3%。

在洗井完成后待水位稳定再用贝勒管取样,每个水井各使用一根贝勒管,避免交叉污染,装瓶时先用所取水样润洗瓶子,然后盛满,加入保护剂,以保证运至分析单位的样品质量。地下水样品采集后,及时放于装有冷冻蓝冰的4℃低温保温箱中。

(3)样品现场快速检测与筛选

现场感观判断主要通过调查人的视觉、嗅觉、触觉,判断土壤、地下水等样品是否有异色、异味等非自然状况。当样品存在异常情况时,在采样记录中进行翔实描述,并进行进一步现场或实验室检测分析。同时,现场土壤样品装入自封袋密封,使用 PID、XRF 等便携式快速检测仪器对土壤进行监测。

综合考虑样品表征特性以及快速检测结果,选择疑似污染较重的样品送回实验室分析检测。

在本次调查中,针对各种样品采用的快速测试手段如表 2 - 5 所示。

表 2 - 5　现场快速鉴别测试手段

样品类型	快速鉴别测试手段
土　壤	感观判断,光离子化检测器(PID)
	便携式 X 射线荧光光谱分析(XRF)

（续表）

样品类型	快速鉴别测试手段
地下水	pH 测定仪,电导率测定仪
	感观判断(观察有无油花、异味、异色)

专家点评

土壤样品采集是土壤环境质量诊断中的重要环节,通过样品采集、化验,可了解土壤中的污染物类型、含量及其污染程度,为土壤管理提供科学依据。取样是保证调查工作正确实施的根本保障。因此,在撰写这一部分内容时务必做到以下几点:

◎ 由经过一定培训、具有野外调查经验且掌握土壤采样技术规程的专业技术人员组成采样组,采样前组织学习有关技术文件,了解监测技术规范。一般选择有检测资质(CNAS 和 MA 双证)单位的从业人员。

◎ 采样前准备,包括收集地形图及监测区域遥感与土壤利用及其演变过程等资料,并通过现场踏勘获得资料,将调查得到的信息进行整理和利用,丰富采样工作的内容。

◎ 通用采样器具应带全,包括点位确定设备,以及现场记录、样品保存、样品采集、样品交接、采样防护与运输所必需的工具和容器。选用采集器具,按照无机类、农药类、挥发性有机物、半挥发性有机物进行分类,土壤采样可选择不同类型的采样工具和容器。注意容器的各类要求,样品交接单应签字等。

◎ 注意利用直接观察和快速监测工具记录土壤和水样污染情况,并把数据记录在案(必须放在附件中),作为调查结果和判断污染依据。

◎ 采样时如遇到明显障碍,可在其附近采样,并做记录。

◎ 农田土壤的采样点要避开田埂、地头及堆肥区等明显缺乏代表性的地点,有垄的农田要在垄间采样。

◎ 采样时首先清除土壤表层的植物残骸和其它杂物,有植物生长的点位要首先松动土壤,除去植物及其根系。

◎ 采样现场要剔除土样中的砾石等异物。

◎ 注意及时清理采样工具,避免交叉污染。

◎ 在采样的同时,由专人填写样品标签、采样记录。

◎ 标签一式两份,一份放入袋中,一份系在袋口,标签上标注采样时间、地点、样品编号、监测项目、采样深度和经纬度等。

◎ 采样前记录坐标,拍摄相片。

◎ 土壤样品保留 1 年以上供复测。

（4）现场质量控制

防止采样交叉污染：钻机采样过程中，在第一个钻孔开钻前应进行设备清洗；连续多次钻孔的钻探设备应进行清洗；同一钻机在不同深度采样时应对钻探设备、取样装置进行清洗；与土壤接触的其他采样工具重复利用时应进行清洗。清洗过程中使用清水。采样过程中佩戴手套，为避免不同样品之间的交叉污染，每采集一个样品更换一次手套。

采集质量控制样：现场采集质量控制样包括现场平行样、设备清洗样、运输空白样等。平行样是从相同的源收集并单独封装分别进行分析的两个单独样品；设备清洗样是采样前用于清洗采样设备，与监测有关并与分析无关的样品，以确保设备不污染样品；采集土壤样品用于分析挥发性有机物指标时，每次运输应采集至少一个运输空白样，即从实验室带到采样现场后，又从采样现场带回实验室的、与监测有关并与分析无关的样品，以便了解样品在运输途中是否受到污染和样品是否损失。

现场采样记录：现场采样记录、现场监测记录，使用表格描述土壤特征、可疑物质或异常现象等，同时保留现场相关影像记录，其内容、页码、编号齐全，以便于核查。

2.3.5 检测分析

（1）监测项目

根据收集到的资料和现场踏勘情况，本次土壤样品分析的测定项目主要包括 pH、重金属、挥发性有机物、半挥发性有机物和总石油烃；地下水的测定项目主要包括 35 项常规指标、重金属、挥发性有机物、半挥发性有机物和总石油烃。检测项目包含的因子详见表 2-6。

表 2-6 检测指标

序号	检测项目	检 测 因 子
1	重金属	锑、砷、铍、镉、三价铬、六价铬、铜、铅、镍、硒、银、铊、锌、汞
2	石油烃	总石油烃（C6-C9、C10-C14、C15-C28、C29-C36）
3	VOCs	二氯二氟甲烷、氯甲烷、溴甲烷、碘代甲烷、氯乙烯、三氯氟甲烷、氯乙烷、二氯甲烷、二溴甲烷、四氯化碳、五氯乙烷、1,1-二氯乙烷、1,2-二氯乙烷、1,1,1-三氯乙烷、1,1,2-三氯乙烷、1,1,1,2-四氯乙烷、1,1,2,2-四氯乙烷、1,3-二氯丙烷、1,2,3-三氯丙烷、1,2-二溴-3-氯丙烷、1,1-二氯乙烯、反-1,2-二氯乙烯、顺-1,2-二氯乙烯、三氯乙烯、四氯乙烯、1,1-二氯丙烯、顺-1,4-二氯-2-丁烯、反-1,4-二氯-2-丁烯、氯苯、溴苯、2-氯甲苯、4-氯甲苯、1,2,3-三氯苯苯、甲苯、乙苯、苯乙烯、间二甲苯和对二甲苯、邻二甲苯、正丙苯、异丙基苯、正丁基苯、叔丁苯、仲丁苯、对异丙基甲苯、1,3,5-三甲苯、1,2,4-三甲苯丙酮、甲基乙基酮（2-丁酮）、2-己酮、4-甲基-2-戊酮、醋酸乙烯酯、二硫化碳、三氯甲烷（氯仿）、三溴甲烷（溴仿）、一溴二氯甲烷、二溴一氯甲烷
4	SVOCs	苯胺、2-硝基苯胺、3-硝基苯胺、4-硝基苯胺、4-氯苯胺、3,3′-二氯对二氨基联苯、二苯呋喃、咔唑、1,3-二氯苯、1,4-二氯苯、1,2-二氯苯、1,2,4-三氯苯、五氯苯、六氯苯（HCB）、六氯乙烷、六氯丙烯、六氯丁二烯、六氯戊二烯双（2-氯乙基）醚、双（2-氯乙氧基）甲烷、4-氯联苯醚、4-溴联苯醚、二氯异丙基醚、硝基苯、2,4-二硝基甲苯、2,6-二硝基甲苯、1,3,5-三硝基苯、五氯硝基苯、偶氮苯、4-氨基联苯、二甲氨基偶氮苯、2-甲基吡啶、乙酰苯（苯乙酮）、异佛尔酮、1-萘胺、5-硝基邻甲苯胺、戊炔草胺、非那西汀、4-硝基喹啉-N-氧化物、亚硝基甲基乙基胺、亚硝基二乙胺、亚硝基吡咯烷、亚硝基丙胺、亚硝基吗啉、亚硝基哌啶、亚硝基二丁胺、二苯胺和亚硝基二苯胺、噻吡二胺、有机氯农药类、有机磷农药类、1,2,4,5-四氯苯、燕麦敌、阿特拉津、甲基甲烷磺酸盐、乙基甲烷磺酸盐、苯酚、2-甲基苯酚、3-甲基苯酚、4-甲基苯

（续表）

序号	检测项目	检　测　因　子
4	SVOCs	酚、2,4-二甲基酚、2-硝基酚、2-氯酚、2,4-二氯酚、2,6-二氯酚、4-氯-3-甲基酚、2,4,5-三氯酚、2,4,6-三氯酚、五氯酚、2,3,4,6-四氯苯酚、邻苯二甲酸二甲酯、邻苯二甲酸二乙酯、邻苯二甲酸二正丁酯、邻苯二甲酸丁苄酯、邻苯二甲酸二正辛酯、邻苯二甲酸双（2-乙基己基）酯、萘、2-甲基萘、2-氯萘、二氢苊、苊、芴、菲、蒽、荧蒽、芘、N-2-芴乙酰胺、苯并（a）蒽、䓛、苯并（b）荧蒽、苯并（k）荧蒽、7,12-二甲基苯并（a）蒽、苯并（a）芘、3-甲胆蒽、茚并（1,2,3-cd）芘、二苯并（a,h）蒽、苯并（g,h,i）苝
5	35项常规指标	色度、阴离子表面活性剂、挥发酚（以苯酚计）、六价铬、高锰酸盐指数、总硬度（以 $CaCO_3$ 计）、碘化物（以碘计）、pH、氨氮（以氮计）、硝酸盐（以氮计）、亚硝酸盐（以氮计）、总氰化物（以 CN 计）、硫酸盐（以 SO_4 计）、氯化物、氟化物、肉眼可见物、臭和味、浊度、溶解性总固体、挥发性有机物、砷、钡、铍、镉、铬、钴、铜、铁、铅、锰、钼、镍、硒、锌、汞

注：注意国家发布的《土壤环境质量　建设用地土壤污染风险管控标准（试行）》（GB/T 36600-2018）的有关检测因子的要求，数量上不能少，特别注意特征因子不能漏项和缺失，如果出现特征因子漏项，整个调查就失去了意义。

（2）检测单位选择

本项目的样品委托某分析检测有限公司进行检测。该分析检测有限公司同时具有中国合格评定国家认可委员会（CNAS）和计量认证（CMA）资质（注：附件省略）。

专家点评

土壤和地下水检测因子选取工作很重要，该工作一般遵循以下原则：

◎ 土壤检测因子一般按照《土壤环境质量　建设用地土壤污染风险管控标准（试行）》（GB/T 36600-2018）中要求的基本项目和其他项目，即该标准涉及的污染物指标包括45项基本项目（7项重金属和无机物、27项挥发性有机物、11项半挥发性有机物），40项其它项目（6项重金属和无机物、4项挥发性有机物、10项半挥发性有机物、14项有机农药类、5项多氯联苯、多溴联苯和二噁英类以及1项石油烃类）。针对农用地，按照《土壤环境质量　农用地土壤污染风险管控标准（试行）》（GB 15618-2018）中要求的基本项目和选测项目，即8项重金属项目（镉、汞、砷、铅、铬、铜、镍、锌）和3项有机化合物（六六六、滴滴涕和苯并［a］芘）。地下水根据场地环境调查技术规范，地下水评价优先选用我国《地下水质量标准》（GB/T 14848-2017）的Ⅲ类水质标准值。其它的可以参考国外相关标准。

◎ 但是在实际调查时，往往出现大部分因子没有检出，或多数因子浓度很低、只有几个关键因子浓度高，有时有些因子含量很高但又不在《土壤环境质量　建设用地土壤污染风险管控标准（试行）》（GB/T 36600-2018）规定的项目范围内等情况。为此要求大家根据场地污染类型选取重点关注检测因子，告知检测单位重点注意。

一般农田关注有机氯和有机磷等农药，另外关注多环芳烃总量、邻苯二甲酸酯类总量、滴滴涕总量和六六六总量是否有可能检出。

石油行业关注总石油烃，苯系化合物，多环芳烃中菲、蒽及酚类，以及燃料添加剂与铅等。

有机化工类企业污染因子有石油烃类有机污染物,它们是此类场地中比较突出和典型的污染物,包括挥发性有机物和半挥发性有机物,如含氧化合物、含硫化合物、熏蒸剂、卤代脂肪族化合物、多环芳烃、邻苯二甲酸酯类、苯酚类、亚硝胺类、硝基芳烃等。

无机化工类企业(如电镀企业、冶炼企业)应该以重金属为重点关注因子。

◎ 土壤质量标准中未要求控制,但根据当地环境污染状况,确认在土壤中积累较多、对环境危害较大、影响范围广、毒性较强的污染物,或者污染事故对土壤环境造成严重不良影响的物质,具体项目由各地自行确定。

◎ 漏检污染项目可能造成发现不了污染的情况,从而造成误判。土壤中污染物的检测项目原则上应当根据保守原则确定。疑似污染场地内可能存在的污染物及其在环境中转化或降解产物均应当考虑纳入检测范畴。

◎ 有一个办法可以帮助大家正确地选择特殊污染因子,即查阅国内外土壤修复案例。

2.4 土壤和地下水调查结果

2.4.1 现场观测和测量

(1)现场快速检测

样品采集过程中利用 PID 和 XRF 对土壤样品进行了快速检测和筛选,现场土壤样品的 PID 读数介于 0.1~7.2 ppm*。土壤样品中主要检出了铬、铜和锌等金属,读数范围分别为未检出至 288 ppm、314~396 ppm 和 86~137 ppm。针对现场快速检测中发现的异常样品,进行了实验室送检(注:应该是在样品送检时给予重点关注,这些数据详见附件,本书略)。

(2)地下水水文参数

在采集地下水样前,使用贝勒管对各个监测井进行洗井。洗井持续到包括酸碱度、温度和电导率在内的现场测试参数稳定为止。稳定后的现场测试参数见表 2-7。

表 2-7 地下水现场测试参数表

监测井编号	pH	温度/℃	电导率/(S/cm)
CW1	7.47	25.6	1 112
CW2	7.59	26.2	1 124
CW3	7.22	25.7	1 157
CW4	7.34	26.5	1 112
CW5	7.37	26.3	1 139

* 1 ppm=1 mg/L。

（续表）

监测井编号	pH	温度/℃	电导率/(S/cm)
CW6	7.38	26	917
CW7	7.45	26.1	1 083
CW8	7.42	25.9	1 263
CW9	7.41	25.8	977
CW10	7.33	25.5	1 892
CW11	7.75	25.8	1 146
CW12	7.46	25.8	1 837
CW13	7.6	25.9	1 646
CW14	7.5	25.9	1 244

2.4.2　土壤检测结果及分析

（1）土壤评价标准

由于该场地规划用地性质为住宅用地,因而本次土壤污染物检测采用《土壤环境质量　建设用地土壤污染风险管控标准(试行)》(GB/T 36600-2018)中的第一类用地筛选值。其中缺失的污染物将参照美国环保署区域土壤筛选值(USEPA-RSL,更新至2015年6月)等国外标准。

(注:写这一段时应注意区分场地用途,选用农用地标准还是建设用地标准。另外,在建设用地标准中又分第一类用地和第二类用地,千万不能搞混,否则将前功尽弃。对于风险筛选值和管控值也要注意区分。)

（2）土壤检测结果

该场地共布设土壤采样点位 28 个,土壤样品检测出重金属 12 项(六价铬、三价铬、锑、砷、铍、镉、铜、铅、镍、银、锌、汞)(注:其他金属未检出),有机物 24 项(主要为多环芳烃)以及石油烃。监测结果详见表 2-8。

表 2-8　土壤样品检出污染物浓度汇总表　　　　　　(单位:mg/kg)

检出污染物		检出限	检测浓度范围	评价标准	样品数
重金属	六价铬	0.1	ND~1.1	5.1	71
	三价铬	0.5	53.1~418	10 000	71
	锑	0.5	ND~18	6.6	71
	砷	1	7~21	20	71
	铍	0.5	ND~0.5	20	71
	镉	0.2	ND~9.4	10	71
	铜	0.5	11.2~458	655	71
	铅	0.5	11.7~798	140	71

（续表）

检出污染物		检出限	检测浓度范围	评价标准	样品数
重金属	镍	0.5	23.1~209	141	71
	银	0.5	ND~9.6	82	71
	锌	0.5	69.9~880	4 915	71
	汞	0.05	ND~1.48	2.3	71
有机物	二苯呋喃	0.1	ND~2.28	73	71
	咔唑	0.1	ND~1.8	28	71
	苯酚	0.1	ND~2.9	2 462	71
	邻苯二甲酸二正丁酯	0.1	ND~5.36	1 346	71
	萘	0.1	ND~1.08	31	71
	2-甲基萘	0.1	ND~0.64	51	71
	二氢苊	0.1	ND~2.76	367	71
	苊	0.1	ND~0.19	679	71
	芴	0.1	ND~4.1	644	71
	菲	0.1	ND~9.56	381	71
	蒽	0.1	ND~3.72	5 037	71
	荧蒽	0.1	ND~7.9	508	71
	芘	0.1	ND~4.45	381	71
	苯并(a)蒽	0.1	ND~3.57	0.2	71
	屈	0.1	ND~3.21	71	71
	苯并(b)荧蒽	0.1	ND~3.64	0.7	71
	苯并(k)荧蒽	0.1	ND~1.42	7.2	71
	苯并(a)芘	0.1	ND~2.79	0.4	71
	茚并(1,2,3-cd)芘	0.1	ND~1.65	0.7	71
	二苯并(a,h)蒽	0.1	ND~0.7	0.1	71
	苯并(g,h,i)苝	0.1	ND~1.87	381	71
	1,2-二氯乙烷	0.05	ND~0.69	0.2	71
	甲苯	0.05	ND~0.14	847	71
	二硫化碳	0.1	ND~0.56	770	71
石油烃	C6-C9	2	ND	517	71
	C10-C14	50			71
	C15-C28	100	ND~380	381	71
	C29-C36	100			71

注：ND 代表未检出。

（3）土壤检测结果分析

本次场地环境初步调查在外环某场地南侧区域选取 CT27 土壤监测点位作对照点。

对照点的土壤重金属检出 9 项指标(六价铬、三价铬、砷、铬、铜、铅、镍、锌、汞),有机物仅检出一项指标(苯酚)。重金属和有机物检出指标的检测值均低于《某市场地土壤环境健康风险评估筛选值(试行)》中敏感用地筛选值。对照点的石油烃指标未检出。

将外环某场地初步调查的土壤样品检出指标与评价标准进行对比,结果见表 2-9。

表 2-9　场地检出污染物超标指标汇总表

	检出污染物	检出限/(mg/kg)	评价标准/(mg/kg)	检测浓度范围/(mg/kg)	总样品数	超标样品数	样品超标率	点位数	点位超标数	点位超标率
重金属	镍	0.5	141	23.1~209	71	3	4.23%	28	1	3.57%
	砷	1	20	7~21	71	1	1.41%	28	1	3.57%
	锑	0.5	6.6	ND~18	71	1	1.41%	28	1	3.57%
	铅	0.5	140	11.7~798	71	1	1.41%	28	1	3.57%
多环芳烃	苯并(a)蒽	0.1	0.2	ND~3.57	71	4	5.63%	28	2	7.14%
	苯并(b)荧蒽	0.1	0.7	ND~3.64	71	4	5.63%	28	2	7.14%
	苯并(a)芘	0.1	0.4	ND~2.79	71	4	5.63%	28	2	7.14%
	二苯并(a,h)蒽	0.1	0.1	ND~0.7	71	4	5.63%	28	2	7.14%
	茚并(1,2,3-cd)芘	0.1	0.7	ND~1.65	71	3	4.23%	28	1	3.57%

注:ND 代表未检出。

对比结果显示,土壤样品重金属检出指标中,镍、砷、锑和铅存在超标点位,超标点位数分别为 3、1、1 和 1,最大超标倍数分别为 0.48 倍、0.05 倍、1.73 倍和 4.70 倍。其余检出的重金属中六价铬、三价铬、铍、镉、铜、银、锌、汞的检出值均低于《某市场地土壤环境健康风险评估筛选值(试行)》中敏感用地筛选值。

土壤样品有机物超标指标为苯并(a)蒽、苯并(b)荧蒽、苯并(a)芘、二苯并(a,h)蒽、茚并(1,2,3-cd)芘,超标点位数分别为 2、2、2、2、1,五种超标指标的最大超标倍数分别为 16.85 倍、4.20 倍、5.98 倍、6.00 倍、1.36 倍。其余检出的有机物指标均未超过相应筛选值。

土壤样品石油烃指标未超标。

2.4.3　地下水检测结果及分析

(1)地下水评价标准

本次场地调查采用《地下水质量标准》(GB/T 14848-93)中的Ⅲ级标准对外环某场地地下水污染物情况进行评价,其中缺失的污染物指标采用美国 EPA 通用筛选值(USEPA-RSL,更新至 2015 年 6 月)中基于饮用地下水途径的筛选值评价。

(2)地下水监测结果

外环某场地共布设地下水监测井 14 口,地下水样品检出重金属 8 项(钡、镉、铜、铁、铅、锰、钼、镍),有机物 9 项,石油烃未检出。监测结果详见表 2-10。

CT3(0~0.2 m)

指标	检出值/(mg/kg)	评价标准/(mg/kg)	超标倍数
镍	167.0000	141.0000	1.18
苯并(a)蒽	3.5100	0.2000	17.5500
苯并(b)荧蒽	3.5300	0.7000	5.04
苯并(a)芘	2.7500	0.4000	6.88
茚并(1,2,3-cd)芘	1.6500	0.7000	2.36
二苯并(a,h)蒽	0.6000	0.1000	6.00

CT3(0.5~1.5 m)

指标	检出值/(mg/kg)	评价标准/(mg/kg)	超标倍数
镍	190.0000	141.0000	1.35
苯并(a)蒽	3.5700	0.2000	17.8500
苯并(b)荧蒽	3.6400	0.7000	5.20
苯并(a)芘	2.7900	0.4000	6.98
茚并(1,2,3-cd)芘	1.6200	0.7000	2.31
二苯并(a,h)蒽	0.7000	0.1000	7.00

CT3(2.0~3.0 m)

指标	检出值/(mg/kg)	评价标准/(mg/kg)	超标倍数
镍	209.0000	141.0000	1.48
苯并(a)蒽	3.5100	0.2000	17.55
苯并(b)荧蒽	3.6400	0.7000	5.20
苯并(a)芘	2.6600	0.4000	6.65
茚并(1,2,3-cd)芘	1.5800	0.7000	2.26
二苯并(a,h)蒽	0.7000	0.1000	7.00

CT8(0~0.2 m)

指标	检出值/(mg/kg)	评价标准/(mg/kg)	超标倍数
镍	21.0000	20.0000	1.0500

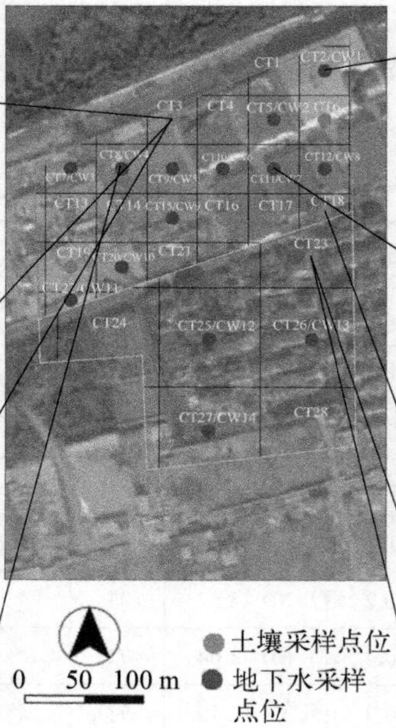

CW1

指标	检出值/(μg/L)	评价标准/(μg/L)	超标倍数
1,2-二氯丙烷	1.400	0.440	2.1800
1,1-二氯乙烷	120.000	2.700	43.4400
1,2-二氯乙烷	47.800	5.000	8.5600
三氯乙烯	4.500	0.490	8.1800
1,1,2-三氯乙烷	0.700	0.280	1.50

CW7

指标	检出值/(μg/L)	评价标准/(μg/L)	超标倍数
1,2-二氯丙烷	1.400	0.440	2.1800
1,1-二氯乙烷	3.100	2.700	0.1500
1,2-二氯乙烷	12.400	5.000	1.4800
三氯乙烯	2.700	0.490	4.5100
1,1,2-三氯乙烷	16.700	0.280	1.5000
三氯甲烷(氯仿)	2.900	0.220	58.6400

CT18(0~0.2 m)

指标	检出值/(mg/kg)	评价标准/(mg/kg)	超标倍数
1,2-二氯乙烷	0.690	0.200	3.4500

CT23(0~0.2 m)

指标	检出值/(mg/kg)	评价标准/(mg/kg)	超标倍数
锑	18.0000	6.6000	2.73
铅	798.0000	140.0000	5.70

CT23(0.5~1.5 m)

指标	检出值/(mg/kg)	评价标准/(mg/kg)	超标倍数
苯并(a)蒽	0.5000	0.2000	2.50
苯并(b)荧蒽	0.7900	0.7000	1.13
苯并(a)芘	0.5300	0.4000	1.33
二苯并(a,h)蒽	0.1500	0.1000	1.50

0　　50　　100 m

● 土壤采样点位
● 地下水采样点位

图 2-5　超标点位示意图

表 2-10　地下水样品检出污染物浓度汇总表　　（单位：μg/L）

	检出污染物	检出限	检测浓度范围	评价标准	样品数
重金属	钡	1.00	ND~31.5	≤1 000	14
	镉	0.10	ND~0.10	≤10	14
	铜	1.00	ND~3.2	≤1 000	14
	铁	50.00	ND~180	≤300	14
	铅	1.00	ND~1.4	≤50	14
	锰	1.00	9.2~299	≤100	14
	钼	1.00	ND~3.3	≤100	14
	镍	1.00	1~44.1	≤50	14
有机物	1,2-二氯丙烷	0.50	ND~1.4	0.44	14
	1,1-二氯乙烯	0.50	ND~8.3	280	14
	反-1,2-二氯乙烯	0.50	ND~5.4	360	14
	1,1-二氯乙烷	0.50	ND~120	2.7	14
	顺-1,2-二氯乙烯	0.50	ND~62.3	70.00	14
	1,2-二氯乙烷	0.50	ND~47.8	5.00	14

（续表）

	检出污染物	检出限	检测浓度范围	评价标准	样品数
有机物	三氯乙烯	0.50	ND～4.5	0.49	14
	1,1,2-三氯乙烷	0.50	ND～16.7	0.28	14
	三氯甲烷(氯仿)	0.5	ND～2.9	0.22	14

注：ND 代表未检出。

（3）地下水检测结果分析

将外环某场地调查的地下水样品检出指标与评价指标进行对比，结果见表 2-11。

表 2-11 场地地下水检出污染物超标指标汇总表

类别	超标污染物	单位	检出限	评价标准	检测浓度范围	总样品数	超标样品数	样品超标率
有机物指标	1,2-二氯丙烷	μg/L	0.50	0.44	ND～1.4	14	2	14.29%
	1,1-二氯乙烷	μg/L	0.50	2.7	ND～120	14	2	14.29%
	1,2-二氯乙烷	μg/L	0.50	5.00	ND～47.8	14	2	14.29%
	三氯乙烯	μg/L	0.50	0.49	ND～4.5	14	2	14.29%
	1,1,2-三氯乙烷	μg/L	0.50	0.28	ND～16.7	14	2	14.29%
	三氯甲烷(氯仿)	μg/L	0.5	0.22	ND～2.9	14	1	7.14%

注：ND 代表未检出。

对比结果显示，地下水样品重金属检出指标中，钡、镉、铜、铁、铅、锰、钼、镍的检出值均满足《地下水质量标准》（GB/T 14848-93）中的Ⅲ级标准。

地下水点位 CW1 有机物检出的 5 个指标（1,2-二氯丙烷、1,1-二氯乙烷、1,2-二氯乙烷、三氯乙烯、1,1,2-三氯乙烷），均超过美国 EPA 通用筛选值（USEPA-RSL，更新至 2015 年 6 月）中基于饮用地下水途径的筛选值，最大超标倍数分别是 2.18 倍、43.44 倍、8.56 倍、8.18 倍、1.50 倍。

地下水点位 CW7 有机物检出 6 个指标[1,2-二氯丙烷、1,1-二氯乙烷、1,2-二氯乙烷、三氯乙烯、1,1,2-三氯乙烷、三氯甲烷(氯仿)]超过美国 EPA 通用筛选值（USEPA-RSL，更新至 2015 年 6 月）中基于饮用地下水途径的筛选值，最大超标倍数分别是 2.18 倍、0.15 倍、1.48 倍、4.51 倍、58.64 倍、12.18 倍。其余地下水点位有机物检出指标均未超过相应筛选值。

地下水样品中未检出石油烃。

本次场地环境初步调查在外环某场地南侧区域选取 CW14 地下水监测井做对照点。对照点的重金属检出 5 项指标（钡、铜、铁、锰、镍），重金属检出值均满足《地下水质量标准》（GB/T 14848-93）中的Ⅲ级标准。地下水对照点的有机物指标和石油烃均未检出。

专家点评 ～～～～～～～～～～～～～～～～～～～～～～～～～～～～～～～～～

土壤和地下水检测结果分析是场地调查的重中之重，应该认真对待。这个案例在以下几个方面做得很好：

◎ 对标结果、检测限、检测值范围、筛选值或标准值、超标点位及其超标数列于表中，清晰明了，结论易得。

◎ 把超标的点位信息列于布点图中，清晰明了，有利于详细调查和后续工作的开展。

本案例中的缺点或者需要提高的地方：

◎ 没有具体分析超标原因，或者针对场地调查和勘探获取的资料进行客观分析，指出超标的污染物源头在哪里。而这一点特别重要，只有掌握了土壤和地下水污染原因及其污染源，才能为将来详细调查、风险评估和土壤修复工作做好准备。

◎ 没有说明超标点位与原场地污染排放之间的关系。

◎ 没有说明地下水污染与土壤污染之间的关系。

◎ 对标一定不能出错，建议做一个小程序，方便实用。

◎ 标准不能选错，选错了是致命的。

2.4.4　实验室质量控制

（1）重金属检测质量控制结果

1）方法空白：土壤样品和地下水样品分别每20个样品设置一套方法空白样，检测结果显示方法空白样品污染物指标均未检出，符合质量控制程序要求。

2）平行样品：土壤样品和地下水样品分别每20个样品设置两套平行样品，检测结果显示平行样品的相对标准偏差为0~11.9%，小于20%，符合质量控制程序要求。

3）基体加标：土壤样品和水样分别每20个样品设置一套基体加标，检测结果显示质控样的结果与标准值之差为86.1%~107%，位于85%~115%内，符合质量控制程序要求。

（2）有机化合物检测质量控制结果

1）方法空白：土壤样品和水样分别每20个样品设置一套方法空白样，检测结果显示方法空白样品污染物指标均未检出，符合质量控制程序要求。

2）平行样品：土壤样品和水样分别每20个样品设置两套平行样品，检测结果显示平行样品的相对标准偏差均为0，小于20%，符合质量控制程序要求。

专家点评

土壤和地下水检测中的实验室分析质量控制也非常重要，应该认真对待。这个案例在以下几个方面做得很好：

◎ 方法空白、平行样品测试等方面做得比较规范；

◎ 加标回收率符合要求。

缺点或者需要提高的地方如下：

◎ 没有做机器淋洗样品；

◎ 没有进行误差分析；

◎ 没样品预处理要求和做法；

◎ 实验室、测试人员、实验测试器具和仪器、标准溶液和药品、数据审核等一系列要求都需要补充；

◎ 最好附上取样测试关键过程图片。

2.5　结论和建议

2.5.1　结论

1）本次场地环境初步调查布设土壤采样点 28 个，地下水监测井 14 口。本次土壤样品分析的测定项目主要包括 pH、重金属、挥发性有机物、半挥发性有机物和总石油烃；地下水的测定项目主要包括 35 项常规指标、重金属、挥发性有机物、半挥发性有机物和总石油烃。

2）场地土壤样品重金属检出指标中，镍、砷、锑和铅存在超标点位，超标点位数分别为 3、1、1 和 1，超标倍数分别为 0.48 倍、0.05 倍、1.73 倍和 4.70 倍。其余检出的重金属中六价铬、三价铬、铍、镉、铜、银、锌、汞的检出值均低于《土壤环境质量　建设用地土壤污染风险筛选值（试行）》中的敏感用地筛选值。

土壤样品有机物超标指标为苯并（a）蒽、苯并（b）荧蒽、苯并（a）芘、二苯并（a，h）蒽、茚并（1，2，3 - cd）芘，超标点位数分别为 2、2、2、2、1，五种超标指标的最大超标倍数分别为 16.85 倍、4.20 倍、5.98 倍、6.00 倍、1.36 倍。其余检出的有机物指标均未超过美国环保署区域土壤筛选值（USEPA - RSL，更新至 2015 年 6 月）。

土壤样品石油烃指标未超标。

外环某场地环境初步调查在南侧区域选取 CT27 土壤监测点位做对照点。对照点重金属和有机物检出指标的检测值均低于《某市场地土壤环境健康风险评估筛选值（试行）》中敏感用地筛选值。对照点的石油烃指标未检出。

3）地下水样品重金属检出指标中，钡、镉、铜、铁、铅、锰、钼、镍的检出值均满足《地下水质量标准》（GB/T 14848 - 2017）中的Ⅲ级标准。

场地地下水样品检出有机物中超标点位有 2 个，超标指标有 6 个，分别是 1,2 -二氯丙烷、1,1 -二氯乙烷、1,2 -二氯乙烷、三氯乙烯、1,1,2 -三氯乙烷、三氯甲烷（氯仿）超标，最大超标倍数分别是 2.18 倍、43.44 倍、8.56 倍、8.18 倍、1.5 倍、12.18 倍。其余地下水点位有机物检出指标均未超过美国 EPA 通用筛选值（USEPA - RSL，更新至 2015 年 6 月）中基于饮用地下水途径的筛选值。

地下水样品中石油烃未检出。

外环某场地环境初步调查在南侧区域选取 CW14 地下水监测井做对照点。对照点的重金属检出值均满足《地下水质量标准》(GB/T 14848－2017)中的Ⅲ级标准。地下水对照点的有机物指标和石油烃均未检出。

综上,根据外环某场地环境初步调查的结果,本场地土壤关注污染物为苯并(a)蒽、苯并(b)荧蒽、苯并(a)芘、二苯并(a,h)蒽、茚并(1,2,3－cd)芘;地下水关注污染物为 1,2－二氯丙烷、1,1－二氯乙烷、1,2－二氯乙烷、三氯乙烯、1,1,2－三氯乙烷、三氯甲烷(氯仿)。

2.5.2 建议

根据《某市场地环境调查技术规范(试行)》(2014)和《某市场地环境监测技术规范(试行)》(2014)的相关要求(如果有新的规范,以新的为准),基于外环某场地初步调查结果,建议如下:

1) 在本场地开展进一步的场地环境详细调查工作,即分别以土壤监测点位 CT3、CT8、CT18、CT23 为中心,采用不超过 20 m×20 m 网格布点对土壤进行加密调查。另外,根据地下水流向图,以监测点位 CW1、CW7 为中心,在地下水流方向设置地下水加密监测点位,以补充翔实的场地内土壤和地下水污染信息、判断所有关注污染物在本场地内的影响范围和深度。

2) 开展健康风险评估工作,即分析关注污染物通过不同暴露途径对人体健康产生危害的概率,计算基于人体健康风险的土壤和地下水风险控制值,为污染场地管理提供依据。

专家点评

结论和建议部分主要说明调查的最终结果,特别要说明污染情况,应该认真对待。这个案例在以下方面做得很好:

◎ 初步调查结论需要的几个方面,包括场地布点和取样、土壤污染或达标情况、地下水污染或达标情况、是否需要进一步详细调查和人体健康风险评估等,都给出了结论。

不足或需要加强的地方有:

◎ 缺场地污染源(场内外)调查结论;

◎ 没有历史上是否有引起环境变化或扰动的行为结论;

◎ 没有污染源分析结论;

◎ 没有提醒场地利用过程可能出现的突发环境污染事故与应急建议;

◎ 本场地土壤关注污染物说法有误,应该为超标污染物。

第三章
某工业场地环境详细调查案例分析

摘要

　　某市某场地原为农田和住宅,拟规划建设社区卫生服务中心及养老院,占地面积4 036.5 m²。场地环境初步调查结果表明,场地地下水中砷浓度超过《地下水质量标准》(GB/T 14848－2017)Ⅲ类标准限值,需进一步开展详细调查及人体健康风险评估。2018年8月,某建设工程质量检测有限公司受某市某区卫生和计划生育委员会委托,对该地块开展场地环境状况详细调查工作。

　　详细调查进行了二次采样。第一次布置14个采样点:1个丛式井,分层采集了3 m以内、3~5 m和5~8 m的3个水样;13个5 m以内的采样点。第二次补充采集了3个5~8 m的水样。共采集了17个地下水样品。

　　调查结果表明:

　　1)场地3 m以内和5 m以内的地下水样品中砷的浓度均未超过《地下水质量标准》(GB/T 14848－2017)Ⅲ类标准限值;

　　2)场地4个5~8 m的地下水样品中有3个超过《地下水质量标准》(GB/T 14848－2017)Ⅲ类标准限值,另外一个样品砷浓度9.2 μg/L,接近Ⅲ类标准限值(10 μg/L)。

　　根据详细调查结果,该场地需开展地下水健康风险评估工作。

专家点评

　　详细调查的摘要很重要,写好了能起到画龙点睛的作用,容易引起专家的共鸣,也容易通过评审。希望大家在写摘要时,做到以下几点:

　　◎ 摘要的内容要全面,一般包括场地简单信息、用地历史、用地规划、编制依据、布点、取样和监测因子、监测结果、评价达标情况和结论等,不要漏项,不要啰唆,一般不超过三分之二页,复杂场地篇幅可以长一点;

　　◎ 关于地表水和河道污泥的评价一般可以不写到摘要里;

　　◎ 尽量避免结论不清晰,调查结果必须包含的要素有场地土壤和地下水有关检测指标是否达到或超过某限值或标准、场地是否需要进行进一步健康风险评估

工作;

◎ 注意不要面面俱到,要重点突出。

该摘要需改进之处有:超标点位要表达出来;超标因子和超标依据文件没有写完全;文中关于布点信息较繁琐;不超标的信息不用写上;最好加上初步调查超标信息;关于接近标准值的叙述宜删掉。

3.1 概述

3.1.1 项目背景

某市某场地位于某区某街道,西临某学院,西南为绿地,东临某市某排水有限公司某泵站,北侧为某路,隔路为某小区,南临某大学,总占地面积 4 036.5 m²。土地历史利用性质属农田和住宅,现根据某区国民经济和社会发展“十二五”规划及某社区控制性详细规划要求,项目场地未来拟作为社区卫生服务中心及养老院,为敏感用地类型。根据《关于加强本市经营性用地出让管理的若干规定(试行)》及《某市经营性用地和工业用地全生命周期管理土壤环境保护管理办法》对场地流转的管理要求,需在流转前对场地开展土壤和地下水环境调查工作。

2018 年 6 月,某单位受某市某区卫生和计划生育委员会委托,对该场地进行土壤和地下水环境的初步调查。调查结果表明,场地点位地下水中砷超过《地下水质量标准》(GB/T 14848－2017)Ⅲ类标准限制,可能存在一定的人体健康风险,须对该场地超标点及其邻近区域,进一步开展详细调查,查明场地地下水污染物的分布范围、污染程度。

3.1.2 调查评估的目的和原则

3.1.2.1 调查评估的目的

1)针对场地初步环境调查过程中发现的存在污染风险的区域进行详细布点调查,以确定场地土壤污染的具体程度和范围。

2)分析场地地下水砷污染的可能来源,为场地开发建设提供风险防范建议。

3.1.2.2 调查评估的原则

本次调查本着遵循国家法律、技术导则和相关规范的原则,调查过程中的技术细节依据我国现有场地调查相关政策和标准,以科学的观点分析和论述场地中存在的相关环境问题。如果某些标准国内尚未制定,则按惯例参照国外的标准。

本次调查评估的主要工作原则如下。

1)针对性原则:针对场地的特征和潜在污染物特性,进行污染浓度和空间分布的详细调查,为场地的环境管理提供依据。

2）规范性原则：采用程序化和系统化的方式规范场地环境调查、评估工作,保证调查、评估过程的科学性和客观性。

3）可操作性原则：综合考虑调查方法、时间、经费等,结合现阶段科学技术发展水平,进行场地环境详细调查,降低调查、评估中的不确定性,提高效率和质量,使调查、评估过程切实可行。

3.1.3 调查评估的依据

3.1.3.1 政府相关管理文件

1)《中华人民共和国环境保护法》(2014 年 4 月 24 日修订);

2)《中华人民共和国水污染防治法》(2008 年 2 月 28 日修订);

3)《中华人民共和国土地管理法》(2004 年 8 月 29 日修订);

4)《中华人民共和国水土保持法》(2010 年 12 月 25 日修订);

5)《中华人民共和国固体废物污染环境防治法》(2004 年 12 月 29 日修订);

6)《建设项目环境保护管理条例》(2017 年修订版);

7)《关于切实做好企业搬迁过程中环境污染防治工作的通知》(环办[2004]47 号);

8)《关于保障工业企业场地再开发利用环境安全的通知》(环发[2012]140 号);

9)《关于加强工业企业关停、搬迁及原址场地再开发利用过程中污染防治工作的通知》(环发[2014]66 号);

10)《全国土壤污染状况调查公报》(环保部、国土资源部,2014 年 4 月 17 日);

11)《土壤污染防治行动计划》(国务院,2016 年 5 月 28 日);

12)《某市环境保护局关于加强工业及市政场地再开发利用环境管理的通知》(某环保防[2013]530 号);

13)《某市环保局、市规划国土资源局、市经济信息化委、市建设管理委关于保障工业企业及市政场地再开发利用环境安全的管理办法》(某环保防[2014]188 号);

14)《关于加强本市经营性用地出让管理的若干规定(试行)》(某府办[2015]30 号);

15)《某市经营性用地和工业用地全生命周期管理土壤环境保护管理办法》(某市环保防[2016]226 号)。

3.1.3.2 技术导则与标准

1)《岩土工程勘察规范》(DGJ 08 - 37 - 2012);

2)《场地环境调查技术导则》(HJ 25.1 - 2014);

3)《场地环境监测技术导则》(HJ 25.2 - 2014);

4)《土壤环境监测技术规范》(HJ/T 166 - 2004);

5)《污染场地风险评估技术导则》(HJ 25.3 - 2014);

6)《某市场地环境调查技术规范(试行)》(某市环境保护局,2014);

7)《某市场地环境监测技术规范(试行)》(某市环境保护局,2014);

8)《某市污染场地风险评估技术规范(试行)》(某市环境保护局);

9)《地下水质量标准》(GB/T 14848 – 2017);

10)《某市经营性用地全生命周期管理场地环境保护技术指南(试行)》(某市环境保护局,2016);

11)《岩土工程勘察规范》(DGJ 08 – 37 – 2012)。

3.1.3.3　其他文件

《某地块场地环境初步调查报告》(某建设工程质量检测有限公司,2018 年 8 月)。

3.1.4　工作内容和程序

参照《场地环境调查技术导则》(HJ 25.1 – 2014)、《某市场地环境调查技术规范(试行)》和《某市经营性用地全生命周期管理场地环境保护技术指南(试行)》,本次场地地下水环境质量详细调查工作是对初步调查过程中发现的污染物超标区域进行加密布点详细调查,以确定场地地下水污染的具体程度和范围。具体的调查工作内容分为场地调查详细信息补充、详细调查工作方案编制、详细调查项目实施及详细调查报告编制四个阶段。通过详细调查确定的影响范围和深度,分析可能的污染来源。

专家点评

大家在写土壤详细调查目的、原则和依据时,往往搞不清法律、法规、政策、规范、导则和标准,也搞不清国家、行业和地方标准,因此,容易出现编制依据乱、位置和顺序乱、工作内容的依据也不规范的情况。希望大家注意以下几点:

◎ 注意编制依据和工作依据的法律效力时效、先后、范围等;

◎ 注意根据场地特征适用法律、法规、政策、标准和技术规范等;

◎ 根据场地特征,选择布点、打井、取样、监测等各种方法的依据;

◎ 根据土壤用途和场地特征选择土壤和地下水评价标准;

◎ 注意国内外标准优选顺序;

◎ 当所选择的标准、规范、方法等有多种选项时,注意优先选择可达到客观评价土壤和地下水环境质量的选项。

本案例需要补充的东西很多,重点如下:

◎ 调查的原则太宽泛,没有对场地特征设计有针对性的原则性条款;

◎ 缺失国家最新发布并实施的有关土壤的标准;

◎ 缺失国家发布的《建设用地土壤环境调查评估技术指南》(环保部2017 年 72 号文);

◎ 缺所在具体管辖区域有关政策、条例和办法等工作实施意见。

本次调查的具体工作程序如图 3 – 1 所示。

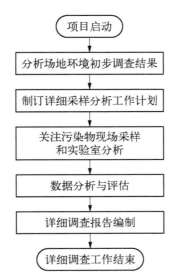

图 3 - 1　场地环境详细调查工作流程

（注：这个工作流程缺少当调查出现特殊情况时进一步到现场勘探、取样等重复或核实工作）

3.2　场地概况

3.2.1　地理位置

项目场地位于某市某区,西临某学院;西南为绿地;东临某市某排水有限公司泵站;北侧为某路,隔路为某小区;南临某大学,总占地面积 4 036.5 m²。地理位置见下图(注：本书中已删除)。

3.2.2　场地环境状况

3.2.2.1　气候与气象

某区地处北亚热带南缘,属亚热带季风气候。其特点是气候温和、雨水丰沛、光照充足、四季分明。

根据某市多年平均统计资料,某市地处东亚季风盛行的滨海地带,属亚热带海洋性季风气候,具有明显的海洋性特征,雨热同期,四季分明,冬夏较长,春秋较短。常年平均风速为 3.1 m/s,4~8 月盛行东南风,夏季 ESE - ES - SSE 风向角风向频率之和为 43.1%;11 月至次年 2 月盛行西北风,冬季 WWN - NW - NNW 风向角风向频率之和为 34%,年平均主导风向不明显。年常年平均气温 15.8℃,年均相对湿度 79%,年均降雨量 1 149.3 mm,最大 1 小时暴雨量 154.1 mm,平均日照数 1 930 h。

3.2.2.2　地质地貌

本区属于长江三角洲前缘河口滨海平原,为第四纪沉积物所覆盖,其厚度为 300 m 左右。沉积为紫色粉砂质泥岩构造,间夹薄层石膏多处。上更新统底层,多在一二十米以下。地质构造属于扬子准地台北东边缘一部分,为火山岩构造,碎屑-碳酸盐构造。

3.2.2.3 水文状况

本区水系特征为平原河网感潮区,黄浦江是流经本区的最大河流,也是上海陆域水系的最大骨干河道,属太湖流域水系,亦是长江入海前的最后一条支流。源于淀山湖,流经本区后,至上海市北部吴淞口汇入长江。

本场地所在区域主要的地表水为黄浦江和某江,场地内没有流经地表水,黄浦江位于本场地东侧约 5.4 km 处,某江位于场地东侧约 0.55 km 处,详见场地周边水系分布图(注:本书已删除)。

3.2.2.4 水文地质条件

根据初步调查场地钻孔取样调查结果,场地各地层分布主要特点简述如下。

1)填土层:深度从地表至地下 0.2~0.7 m 不等,以黏性土为主,含砖块和碎石等,该层结构松散;地表至地下 0.5~2.0 m 的上部填土呈灰黄色或灰黑色,稍湿,夹植物根茎及有机质;下部填土呈杂色,潮湿。

2)粉质黏土层:深度从地下 1.8~4.5 m,岩性以粉质黏土为主,呈灰黄色或灰色,潮湿,软塑,含氧化铁,含有机质,场地内部分区域由于机场建设等人类活动影响而缺失。

3)淤泥质粉质黏土层:深度从地下 4.3~6.0 m 至钻探最大深度,岩性以淤泥质粉质黏土为主,局部夹粉土,呈灰色,饱和,流塑,含云母,含有机质。场地浅部地下水为潜水,赋存于浅部黏性土、粉性土中,含水层的导水性及富水性较差,受大气降水入渗和部分侧向径流补给,以地面蒸发为主要排泄方式。

根据场地初步调查期间布设的地下水采样井,地下水监测井的稳定地下水埋深在地表下 1.6~2.21 m,相关数据见表 3-1。根据场地调查期间获得的地下水位观测成果绘制的地下水水位标高等值线(图 3-2),场地地下水流向为由西南向东北(图3-3)。

经调查并结合卫星遥感影像资料,该场地土地性质为农田和住宅。1948 年的卫星图片显示该区域主要为农田;1979 年的卫星图片显示该区域主要为农田;1994 年的卫星图片显示该区域出现居民建筑;2015 年 9 月,场内居民建筑开始拆迁;2016 年 1 月,居民建筑拆迁完成,此后,场地租赁给某医院作为临时停车场使用;2018 年 3 月,场地内堆放城管等执法部门清理的共享单车。

根据 Google Earth 获得的本场地 1949~2017 年的遥感影像资料(图 3-3)分析可知:1948 年,场地外西侧为某体育场;1979 年,建筑机械制造厂在场地外西侧建立工业厂房和技校;1993 年成立某学院。1948 年,场地南侧为某大学。至今南侧用地性质没有明显变化。1948 年,场地东侧以农田为主;1979 年,场地东侧为出现部分建筑房屋;随着城市建设,农田逐渐减少;2002 年建设某排水有限公司泵站。1948 年,场地北侧为居民房屋和某学院宿舍;1979 年,场地北侧为道路和居民小区,至今北侧场地用地性质没有明显变化。

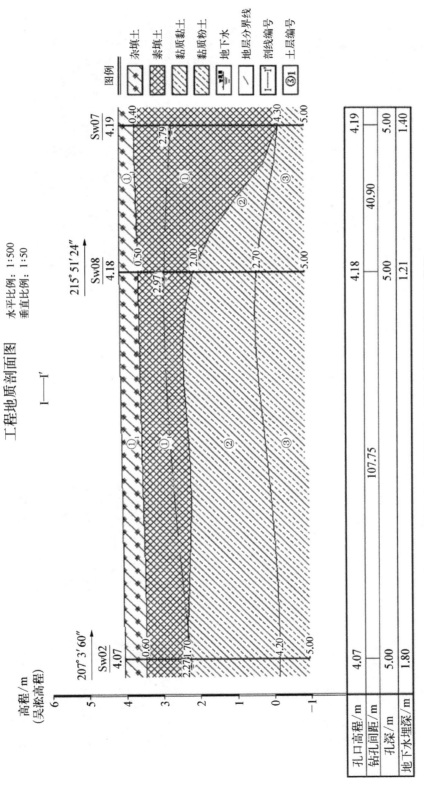

图 3 - 2　初步调查水土采样点与工程地质剖面位置图

图 3-3 场地内地下水流向图

3.2.3 场地使用情况

3.2.3.1 场地及周边历史使用情况

图 3-4 为场地及周边历史遥感影像,反映了场地使用变迁。距离项目场地 200 m 为某经济区工业园,主要有某医疗设备有限公司、某精密机械有限公司、某精密机械有限公司和某瓷业有限公司等。某工业园原为某市手表制造园区之一,在手表生产工艺过程中涉及电镀工艺,电镀生产线于 2017 年被区环保局关停。

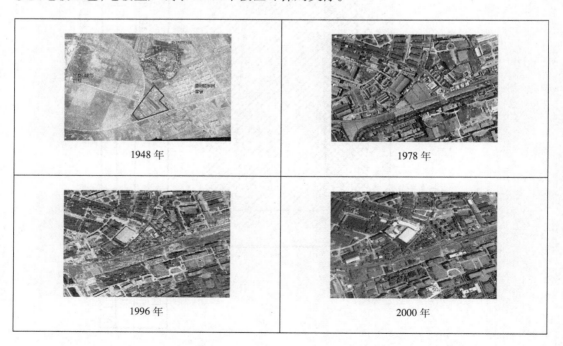

（续图）

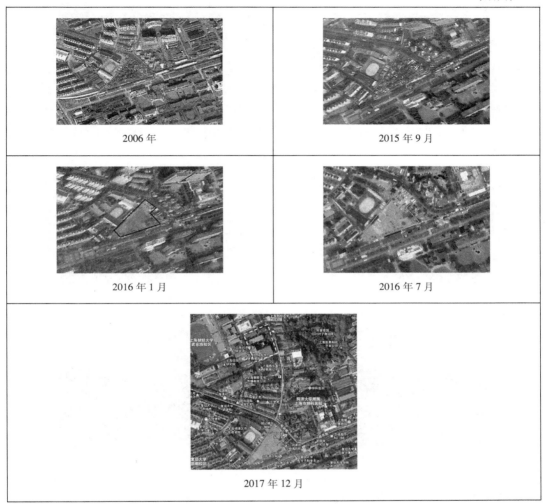

2006 年　　　　　　　　　　　　2015 年 9 月

2016 年 1 月　　　　　　　　　　2016 年 7 月

2017 年 12 月

图 3－4　场地及周边遥感影像

3.2.3.2　场地现状

据现场调查,场地内原有建筑已拆除,现为空地,场地现场未发现明显的污染物痕迹。

3.2.3.3　周边场地现状

项目场地位于市区繁华地带,周边分布有周边主要为医院、居住区和学校等。

（1）北侧

历史情况：1948 年,场地北侧为居民房屋和国防医学院宿舍;1979 年,场地北侧为道路和居民小区,至今北侧场地用地性质没有明显变化。距离项目场地 200 m 为某工业园,主要有某医疗设备有限公司、某精密机械有限公司、某精密机械有限公司和某瓷业有限公司等。某工业园原为某市手表制造园区之一,在手表生产工艺过程中涉及电镀工艺,电镀生产线于 2017 年被区环保局关停。

场地东侧某排水有限公司泵站

场地南侧规划公共绿地,隔绿地为某大学

场地西侧某学院

场地北侧某小区

场地

场地

场地

场地

图 3 - 5　场地及其周围现状

现状:项目场地以北为某小区,距离场地 200 m 为某工业园。

(2)东侧

历史情况:1948 年,场地东侧为农田为主;1979 年,场地东侧出现部分建筑房屋,随着城市建设,农田逐渐减少;2002 年建设某排水有限公司泵站。

现状：项目场地以东为某排水有限公司泵站。

（3）南侧

历史情况：1948年，场地南侧为某大学，至今南侧用地性质没有明显变化。

现状：项目场地以南为某大学。

（4）西侧

历史情况：1948年，场地外西侧为某体育场；1979年，某机械制造厂在场地外西侧建立工业厂房和技校，1993年成立某学院。

现状：项目场地以西为某学院。

场地周边情况见图3-5。

根据某区国民经济和社会发展"十二五"规划及某社区控制性详细规划要求，项目未来拟作为社区卫生服务中心及养老院。根据《土壤环境质量　建设用地土壤污染风险管控标准（试行）》（GB 36600-2018），本场地为第一类用地类型。

3.2.4　敏感目标

现场调查期间，场地四周500m内的敏感目标主要为场地附近的住宅小区、学校及医院等（表3-1）。

表3-1　场地周边主要敏感目标一览表

序　号	方　向	敏感目标类型	敏感目标名称	距离场地距离/m
1	北	居民	某小区	18
2	北	居民	某小区	398
3	北	居民	某苑	36
4	北	居民	某弄	150
5	北	居民	某苑	115
6	西	居民	某弄	73
7	北	居民	某村	130
8	西	文化教育	某学院	24
9	北	文化教育	某学院	236
10	北	医疗卫生	某医院	77
11	南	文化教育	某大学	41
12	西	居住	某敬老院	150
13	北	文物保护	某花园	388

3.2.5　场地初步环境调查总结(注：改为"回顾"更好)

1）初步调查方案简述。初步调查按系统布点法进行布点，总共布置4个监测点位，包括场地内的3个监测点位和场地外的1个对照监测点位（图3-6）。场地内的3个监测点位包括了 3 个土壤监测点和 3 口地下水监测井,场地外的对照监测点位包括了 1 个土壤监测点和 1 口地下水监测井。共采集土壤样品 13 个(含 1 个平行样)和地下水样品 5 个(含 1 个平行样)。对照监测点选择在项目场地北侧约 220 m 处,为肺科医院叶家花园内,未进行过工业生产等活动,应能较好地代表项目场地所在区域内的土壤和地下水背景值。土壤样品和地下水样品检测项目为 pH、重金属(锑、砷、铍、镉、铬、铜、铅、镍、硒、银、铊、锌、汞、六价铬、钼、钴、锡)、挥发性有机物、半挥发性有机物和总石油烃。

图 3 - 6 场地初步调查布点图

2)初步调查结论。本场地土壤样品中重金属、半挥发性有机物以及总石油烃在部分土壤样品中均有检出。其中土壤样品中检出项的浓度均未超过《土壤环境质量 建设用地土壤污染风险管控标准(试行)》(GB 36600 - 2018)第一类用地筛选值。场地地下水样品中检出多种重金属,其中除砷外其他检出浓度均低于《地下水质量标准》(GB /T 14848 -2017)Ⅲ类标准。4 个监测点位地下水砷浓度分别为:31.1 μg/L、49.2 μg/L、37.1 μg/L、29.4 μg/L(表 3 - 2)。对照点地下水中砷未超标。

表 3 - 2 地下水样品中砷超标结果统计

项目	MW1/(μg/L)	MW2/(μg/L)	MW2PX/(μg/L)	MW3/(μg/L)	评价标准/(μg/L)	超标倍数
砷	31.1	49.2	37.1	29.4	10.0	2.94~4.92

注:评价标准为《地下水质量标准》(GB /T 14848 - 2017)Ⅲ类标准。根据初步调查结果可知,场地内局部地下水受砷污染。为全面掌握场地内地下水污染现状,特在详细调查阶段开展土壤加密调查工作。

专家点评

本章主要回顾初步调查的结果,该章节名字应该改为回顾性评价,目的是让专家和调查人员完全掌握场地环境质量现状,为详细调查工作提供支持,为专家评判详细调查工作正确与否提供支持。希望大家注意以下几点:

◎ 给出主要的调查结果和污染源分析,应包括项目污染物产生与控制情况、场内外污染源强、周围环境保护目标、环境监测结果和评价结果等;

◎ 这一节既不要太长,也不要太短,若对环境质量现状表达得不清楚或污染点位信息不明确,会影响后续调查和评审工作。

在本例中需要改进的地方有:

◎ 超标点位标号有点乱,不能很清楚地看出初次调查与详细调查之间的关系;

◎ 场地初步调查布点图、场地历史演变卫星图太小,看不清楚;

◎ 场地外工业企业较多,没有叙述它们生产经营状况、产污环节、污染控制措施及其可能对场地的影响;

◎ 避免文字错误;

◎ 缺污染源分析,不利于详细调查工作的开展;

◎ 需补充超标点位图。

3.3　场地环境详细调查方案

3.3.1　采样布点方案

3.3.1.1　采样点布设原则

1) 由于初步调查场地内所有监测点的地下水中砷浓度均超过标准,且场地土壤中砷含量均处于某市土壤环境背景值范围内,另据调查分析,未发现地下水砷超标的原因。因此,详细调查采用系统布点。在地下水超标点 MW1、MW2、MW3 四周加密布点,同时在场地边界适当增加布点。场地面积约为 4 036.5 m²,详细调查加密地下水采样点 14 个(不同深度的地下水取样井 17 个),布点密度符合规范中不超过 20 m×20 m 的要求(图 3-7)。

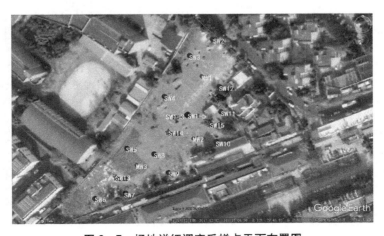

图 3-7　场地详细调查采样点平面布置图

2）根据场地水文地质条件,大部分监测井的深度为 5 m。为了了解不同土层地下水污染的状况,在原超标点附近布置丛式井,分别取埋深 3 m、5 m 和 8 m 的地下水样品(图3-8)。使用一次性贝勒管采集潜水面附近水样,使用定深取样器采集深部水样。

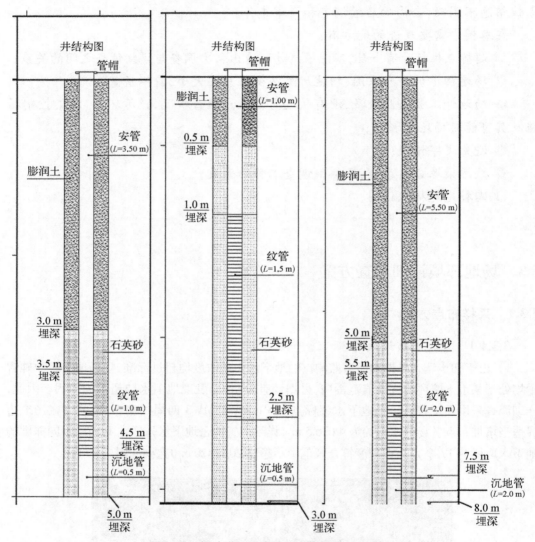

图 3-8　场地详细调查地下水取样建井结构图

3.3.1.2　布点方案

一次加密调查:共布设加密地下水采样点 14 个,其中监测井 SW1 深度为 3 m、5 m、8 m,其余均为 5 m。共采集 15 个地下水样品(包括地下水平行样一个)。

二次加密调查:由于一次加密检测结果发现地下水深度 8 m 样品中均存在超标情况,因此进行二次加密,共布设 3 个地下水采样点(SW6、SW8、SW10),深度均为 8 m,共采集 3 个地下水样品(表 3-3~表 3-5)。此外,分别在点位 MW1、MW2 和 MW3 各取 3 组原状土样检测土壤理化性质,为健康风险评估提供参数。

表 3-3　采样点位坐标及高程

编　号	坐　标		地面高程/m
	X	Y	
SW1-3m	7 431.606	2 748.533	4.01
SW1-5m	7 432.438	2 748.789	4.07
SW1-8m	7 432.05	2 747.975	4.05
SW2	7 495.267	2 769.595	4.07
SW2	7 481.849	2 750.35	4.00
SW4	7 447.563	2 729.304	3.94
SW5	7 404.165	2 698.001	4.17
SW6	7 361.844	2 671.31	4.25
SW7	7 366.17	2 696.609	4.19
SW8	7 399.318	2 720.566	4.18
SW9	7 383.614	2 732.48	4.21
SW10	7 409.625	2 772.317	4.14
SW11	7 434.612	2 776.351	4.05
SW12	7 455.475	2 775.059	4.06
SW6-8m	7 342	2 692.76	4.29
SW8-8m	7 415.67	273 129	4.13
SW10-8m	7 429.91	2 764.96	4.18

表 3-4　第一次进场采样工作量统计及监测因子

类别	采　样　点		采样深度	监　测　因　子
地下水采集	SW1	1808021W1	3 m	pH、砷、钾、钙、纳、镁、氟、氯、溴、硝酸根、亚硝酸根、硫酸根、碳酸根、碳酸氢根
		1808021W2	5 m	
		1808021W3	8 m	
	SW2	1808021W4	5 m	
	SW3	1808021W5	5 m	
	SW4	1808021W6	5 m	
	SW5	1808021W7	5 m	
	SW6	1808021W8	5 m	
	SW7	1808021W9	5 m	pH
	SW8	1808021W10	5 m	
	SW9	1808021W11	5 m	
	SW10	1808021W12	5 m	
	SW11	1808021W13	5 m	
	SW12	1808021W14	5 m	

表 3-5 第二次进场采样工作量统计及监测因子

类 别	采样点		采样深度	监 测 因 子
地下 水采集	SW6	1808021W18	8 m	pH、砷、钾、钙、纳、镁、氟、氯、溴、硝酸根、亚 硝酸根、硫酸根、碳酸根、碳酸氢根
	SW8	1808021W19	8 m	
	SW10	1808021W20	8 m	
土壤采集	场地内	1804010	1.0~1.4 m	pH、颗粒物分析、密度、有机碳含量、渗透系 数、容重、含水率
		1804011	2.0~2.9 m	
		1804012	4.1~4.4 m	

专家点评

　　与初步调查一样,布点方案是整个工作的重中之重,是在场地环境调查和资料分析的基础上,依据布点原则,根据初步调查的地形、土壤、地下水污染结果进行布点,以便准确摸清土壤和地下水污染范围,并为下一步场地人体健康风险评估和场地开发利用打基础。取样是保证调查工作正确实施的根本保障。为此,在撰写这一段内容时务必做到以下几点:

　　◎ 布点方案按照或参照国家或地方相关规范设计。

　　◎ 场地环境原来用途不同、污染程度不同,布点方案也应不同,如本案例按照 20 m×20 m 在污染点附近布点,一定要在横向和纵向把初步调查发现有污染的范围包括在里面,要求画出布点图。

　　◎ 在垂直方向上布点,一般纯土采样点取两个样,采集表层土壤(0~0.2 m)、深层土壤(0.2~地下水水位)两层土样即可。另外一种为土壤和地下水共用的土壤采样点位,这些点位分别采集表层土壤、深层土壤以及位于地下水位以下的饱和带土壤。一般土水复合井取三层样,纯土壤井取 2 层样。这里注意采样深度,要在原打井深度上加深,根据污染物类型、浓度和产生的危害程度等决定打井深度。

　　◎ 如果第一次布点还有超标的或者虽都没有超标但范围需要更准确地界定,可以按照 10 m×10 m 或 5 m×5 m 在更小的范围内布点。

　　◎ 如果在初步调查时因为各种原因调查不清楚或者再进场时发现新的污染问题,如有地下罐体、填埋的污染物、周围渗透过来的污染物等,可以增加布点数。

　　◎ 如果发现初步调查测试结果明显错误或结果无法解释,需要重新布点采样,这时注意打井设置技巧。

　　◎ 各点位要标明位置,并列表备查。

　　◎ 采样要求和初步调查没有区别。

3.3.2　检测分析方案

场地环境详细调查监测项目包括关注污染物监测和场地理化特征参数检测两部分。初步调查显示,采样点 MW1、MW2 和 MW3 地下水砷检出超标,因此详调阶段确定初步调查点 MW1、MW2 和 MW3 周边加密点监测因子为砷及其他化学指标,详见表 3-6 和表 3-7。

表 3-6　第一次进场采样工作量统计及监测因子

类　别	采　样　点		采样深度	监测因子
地下水采集	SW1	1808021W1	3 m	pH、砷、钾、钙、纳、镁、氟、氯、溴、硝酸根、亚硝酸根、硫酸根、碳酸根、碳酸氢根
		1808021W2	5 m	pH、砷
		1808021W3	8 m	
	SW2	1808021W4	5 m	
	SW3	1808021W5	5 m	
	SW4	1808021W6	5 m	
	SW5	1808021W7	5 m	
	SW6	1808021W8	5 m	
	SW7	1808021W9	5 m	
	SW8	1808021W10	5 m	
	SW9	1808021W11	5 m	
	SW10	1808021W12	5 m	
	SW11	1808021W13	5 m	
	SW12	1808021W14	5 m	

表 3-7　第二次进场采样工作量统计及监测因子

类　别	采　样　点		采样深度	监　测　因　子
地下水采集	SW6	1808021W18	8 m	pH、砷、钾、钙、纳、镁、氟、氯、溴、硝酸根、亚硝酸根、硫酸根、碳酸根、碳酸氢根
	SW8	1808021W19	8 m	
	SW10	1808021W20	8 m	
土壤采集	场地内	1804010	1.0~1.4 m	pH、颗粒物分析、密度、有机碳含量、渗透系数、容重、含水率
		1804011	2.0~2.9 m	
		1804012	4.1~4.4 m	

根据《某市场地环境调查技术规范(试行)》和《某场地环境监测技术规范(试行)》等相关要求,确定本次详细调查的场地理化特征参数有:pH、颗粒物分析、密度、容重、有机碳含量、渗透系数、含水率等。

采集的土壤环境指标分析样品送某建设工程质量检测有限公司环境检测部检测,土壤理化样品送某建设工程质量检测有限公司实验室分析土壤理化性质参数。

专家点评

土壤和地下水检测因子选取工作很重要,该工作一般遵循以下原则:

◎ 土壤和地下水检测因子除了遵循相关的国家标准、规范和指导性文件外,重点调查初步调查发现的超标因子。但如果详细调查进场时发现新的污染源、初步调查时没有涉及的调查因子,就必须补充新的调查因子。

◎ 一般来说,农田关注有机氯和有机磷等农药,另外多环芳烃总量、邻苯二甲酸酯类总量、滴滴涕总量和六六六总量也有可能检出。石油行业关注总石油烃、苯系化合物,以及多环芳烃中菲、蒽及酚类和燃料添加剂、铅等。有机化工类企业污染因子(如石油烃类有机污染物)是此类场地中比较突出和典型的污染物,包括挥发性有机物和半挥发性有机物,如含氧化合物、含硫化合物、熏蒸剂、卤代脂肪族化合物、多环芳烃、邻苯二甲酸酯类、苯酚类、亚硝胺类、硝基芳烃等。无机化工类企业,如电镀企业、冶炼企业,应该以重金属为重点关注因子。

◎ 土壤质量标准中未要求控制,但根据当地环境污染状况确认在土壤中积累较多、对环境危害较大、影响范围广、毒性较强的污染物,或者污染事故中对土壤环境造成严重不良影响的物质,具体项目由各地自行确定。

◎ 注意,如漏检污染项目可能导致发现不了污染,造成误判。土壤中污染物的检测项目原则上应当根据保守原则确定。疑似污染场地内可能存在的污染物及其在环境中转化或降解产物均应当考虑纳入检测范畴。

3.4 现场采样和实验室分析

3.4.1 现场采样和记录

3.4.1.1 基本要求

1)土壤采样操作、运输和保管过程中采取措施防止交叉污染。
2)用于监测挥发性有机物、半挥发性有机物污染土壤的样品单独进行采样。
3)根据潜在污染物质类别采取不同的土样采集、保存方法。
4)根据采样深度选用不同的样品采集设备及器具。
5)各点(层)取样量满足实验室检测用量需要。
6)钻机采样过程中,用同一钻机在不同深度采样时需对钻探设备、取样装置进行清洗,不同钻孔之间作业切换时钻探设备亦需进行清洗,与土壤接触的其他采样工具在重复利用之前也要先行清洗。采样人员采集不同土壤样品时,应更换手套以避免交叉污染。

7)检测挥发性有机物和半挥发性有机物的土壤分析样品采用无扰动式的采样方法和工具。

3.4.1.2 土壤样品的采集

1)埋深在 0.5 m 以内的土壤样品的采集采用挖掘方式,使用锹、铲及竹片等简单工具。埋深大于 1 m 的土壤样品的采集以钻孔取样为主,采用 FY-150 型钻机等设备采样。采样设备从钻孔中提出后,采用竹片等工具剥离外层土,从中间取出土样。

2)现场从土孔中取出的土样安排专人记录各土层的基本情况,包括土层定名,颜色、湿度、状态、土层描述,初见水位等;同时使用光离子化探测仪(PID)每间隔 0.5 m 进行挥发性有机物测试,并进行记录,为采样深度的确定提供参照。

3)现场有专人全面负责所有样品的采集、记录与包装。将土样装入专用土壤样品密封保存瓶中,该瓶为合作实验室提供;专人负责对采样日期、采样地点、样品编号进行记录,并在容器标签上用记号进行标示并确保拧紧容器盖,对采样点进行拍照记录。

本次详细调查工作在场地内 3 个样点分别于 8 月 15 日共采集 3 个土壤样品(图 3-9)。

图 3-9 现场采样照片

3.4.2 样品保存与流转

3.4.2.1 样品保存方法

1）土壤样品采用 250 mL 棕色磨口玻璃瓶作为容器。所有样品瓶都贴有标签,并立即放入装有冰块的保温箱中送实验室进行化学分析。

2）样品在各自的保存期内进行分析（包括前处理）。

3.4.2.2 样品流转

1）在运输和保管过程中,应避免样品间的相互沾染。

2）将样品及时送至实验室,由实验室进行妥善保存、检测。并有经过实验室相关人员验收确认的"检测业务委托单"登记备案。

3.4.3 样品分析与测试

参照《场地环境调查技术导则》（HJ 25.1 - 2014）、《场地环境监测技术导则》（HJ 25.2 - 2014）、《岩土工程勘察规范》（DGJ 08 - 37 - 2012）和《土工试验方法标准》（GB/T 50123 - 1999）等规范中规定的各项目相关分析方法进行现场和实验室分析。

采集的地下水样品检测项目测试方法及仪器见表 3 - 8。

表 3 - 8　地下水测试方法及仪器

分析项目	测试方法	仪器名称	型号	编号
pH	《水质 pH 的测定玻璃电极法》（GB 6920 - 1986）	pH 计	PHS - 3C	CP01003BA
砷	《水质汞、砷、硒、铋和锑的测定原子荧光法》（HJ 694 - 2014）	原子荧光光度计	AFS - 3100	OB01009BA
氟、氯、溴、硫酸根、硝酸根、亚硝酸根	《水质无机阴离子（F^-、Cl^-、NO_2^-、Br^-、NO_3^-、PO_4^{3-}、SO_3^{2-}、SO_4^{2-}）的测定离子色谱法》（HJ 84 - 2016）	离子色谱	883 Basic 1C plus	CA04010BB
碳酸根、碳酸氢根	《水和废水监测分析方法（第四版）》（第 3.1.12.1 节）	棕色酸式滴定管	50 mL	FC04010BB
钾、钙、纳、镁	《水质 32 种元素的测定电感耦合等离子体发射光谱法》（HJ 776 - 2015）	等离子发射光谱仪	Optima 8000	CA04008BB
pH	LY/T 1239 - 1999	pH 计	PHS - 3C	CP01003BA
密度	GB/T 50123 - 1999（2008）	电子天平、烘箱	/	FM04015AA FM04019AA TQ01025GB
颗粒分析	GB/T 50123 - 1999（2008）	土壤密度计、标准筛、标准筛	/	FD04005AC L305038AB TT03024AC

（续表）

分析项目	测 试 方 法	仪器名称	型 号	编 号
渗透系数	GB/T 50123-1999(2008)	秒表、变水头渗透装置	/	HT02002AB FP10021AB
容重	土壤检测第4部分土壤容重的测定重量(NY/T 1121.4-2006)	天平	JE2002	FM04076BA
含水率	含水率(NY/T 1121.4-2006)	电子天平、烘箱	VP502N	FM04026BA
有机碳	GB 17378.5-2007	50 mL棕色滴定管	FC04040BB	/

3.4.4 质量保证和质量控制

在样品的采集、保存、运输、交接等过程建立完整的管理程序。为避免采样设备及外部环境条件等因素影响样品，注重现场采样过程中的质量保证和质量控制。

3.4.4.1 清洗净化

1）所有的采样器具在进入现场采样前，均在实验室内进行严格的净化处理，确保采样器械上无污染残留物。

2）采样过程中为避免交叉污染，钻头和取样器及时进行清洗；且采样工作人员均佩戴一次性PE手套进行土壤样品采样，每个土样取样前均更换新的手套；每取一个样品后要对采样工具进行清洗。

3）使用实验室提供的清洁容器。所有在该项目中的样品容器均由实验室清洗干净并提供使用。

3.4.4.2 规范取样

1）使用标准方法进行地下水取样。

2）采样过程中认真观察了地下水颜色、状态等，并特别注意了是否有异味或污渍存在。

3）所有样品采集完毕后，立即将装有样品的保温箱送至实验室。

4）采样时严格按照监测因子对应的装样容器装样，并保证装样流程符合规范操作，如使样品充满装样容器等。

3.4.4.3 准确记录

现场采样记录、现场监测记录宜使用表格描述地下水特征、可疑物质或异常现象等，同时应保留现场相关照片与记录资料，其内容、页码、编号要齐全，以便核查，如有改动应注明修改人及修改时间。

3.4.4.4 实验室质控

检测单位：选用已经获得相关认证的实验室（内部的质量保证/质量控制协议）来具体完成实验室的分析工作。本次场地环境初步调查的实验室分析由某建设工程质量检测有限公司进行，该公司实验室拥有中国计量认证资质证书（CMA）和实验室CNAS认证，完全具备出第三方检测报告的资质,实验室拥有健全的环境监测设备以及专业的管理人员和技术人员。

检测仪器:选择先进仪器进行样品分析,该设备在使用前都经过相应的检定;标准物质优先选择国际通用供应商产品,如没有该产品则选择色谱纯或者分析纯的试剂作为参考。

实验室质控样:用方法空白、实验室控制样、实验室平行样、基质加标样品及基质加标平行样品的检测分析对检测质量进行控制,如表3-9所示。

表 3-9 具体质控目的、频次情况

类别项目	目 的
方法空白(MB)	指在样品处理时与样品同时处理的相同基质的空白样。目的是确认实验过程中是否存在污染,包括玻璃器皿、试剂等
实验室控制样(LCS)	将目标化合物加入空白基质中,与每批样品经完全相同的步骤进行处理和分析。目的是确认目标化合物是否能够准确检出
实验室平行样(DUP)	在每批样品中随机选择其中一个样品,按分析所需量取两份,与其他样品同样处理。目的是确认实验室对于该类基质测试的稳定性
基质加标样品及基质加标平行样品(MS)	每批样品中选择其中的一个样品,按分析所需量取两份,加入目标化合物,然后与样品一起,经完全相同的步骤进行处理和分析。目的是确认样品基质对于目标化合物的影响及其稳定性

地下水样品空白、平行样质量控制

质控类型			空白样结果	平行样			
项 目	单 位	检出限		样品结果	平行样结果	相对偏差	允许偏差
pH	无量纲	0.01	/	7.27	7.27	0	0.2
砷	$\mu g/L$	0.1	<0.1	<0.1	<0.1	0.0 $\mu g/L$	0.7 $\mu g/L$
镁	mg/L	0.001	<0.001	82.1	85.4	3.9%	10%
钙	mg/L	0.02	<0.02	83.0	87.7	5.5%	10%
钠	mg/L	0.01	<0.01	90.9	94.4	3.8%	10%
钾	mg/L	0.01	<0.01	5.14	4.88	5.2%	10%
氟	mg/L	0.002	<0.002	0.321	0.319	0.6%	10%
氯	mg/L	0.002	<0.002	90.2	90.3	0.1%	5%
溴	mg/L	0.003	<0.003	56.4	58.8	4.2%	30%
硝酸根	mg/L	0.004	<0.004	0.506	0.547	7.8%	25%
亚硝酸根	mg/L	0.003	<0.003	<0.003	<0.003	0.0%	15%
硫酸根	mg/L	0.02	<0.02	148	148	0.0%	5%
碳酸根	mg/L	1	<1	<1	<1	0.0%	10%
碳酸氢根	mg/L	1	<1	669	669	0.0%	5%

（续表）

地下水样品加标质量控制						
质控类型			空白加标		样品加标	
项　　目	单　位	检出限	回收率/%	控制上下限/%	回收率/%	控制上下限/%
砷	μg/L	0.1	101	80~120	99	80~20
氟	mg/L	0.002	101	80~120	/	/
氯	mg/L	0.002	97	80~120	/	/
溴	mg/L	0.003	98	80~120	/	/
硝酸根	mg/L	0.004	99	80~120	/	/
亚硝酸根	mg/L	0.003	100	80~120	/	/
硫酸根	mg/L	0.02	98	80~120	/	/

3.4.4.5　安全防护

现场取样前,对调查取样人员进行技术与安全防护教育。调查取样人员掌握相应的安全卫生防护知识,配备必要的防护用品,现场取样时防护服装、口罩、手套佩戴规范。

专家点评 ～～

土壤样品采集、样品分析标准和分析质量保证是土壤环境质量诊断的重要环节,通过该环节,可了解土壤中的污染物类型、含量及其污染程度,为土壤管理提供科学依据。取样是保证调查工作正确实施的根本保障。因此,在撰写这一部分内容时务必做到以下几点:

◎ 取样人为经过一定培训、具有野外调查经验且掌握土壤采样技术规程的专业技术人员,采样前组织其学习有关技术文件,了解监测技术规范。一般选择有检测资质(CNAS 和 MA 双证)单位从业人员。

◎ 采样前准备,包括收集地形图等资料,监测区域遥感与土壤利用及其演变过程等通过现场踏勘获得资料,将调查得到的信息进行整理和利用,丰富采样工作图的内容。

◎ 选用打井、采样和分析的实验室除有资质外,还要分析他们的从业人员素质、业绩和业务量等,确保该环节不会出现不符合相关规定的情形。

◎ 注意利用直接观察和快速监测工具记录土壤和水样污染情况,并把数据记录在案(必须放在附件中),作为调查结果和判断是否污染的依据。

◎ 采样时遇到有明显障碍的采样点可在其附近采样,并做记录。

◎ 农田土壤的采样点要避开田埂、地头及堆肥点等明显缺乏代表性的地点,有垄的农田要在垄间采样。

◎ 土壤样品保留 1 年以上,以供复测。

3.5 场地环境质量评价

3.5.1 评价标准

本项目选用《地下水质量标准》(GB/T 14848－2017)的Ⅲ类标准值对地下水环境质量检测结果进行评价。

3.5.2 调查结果评价

3.5.2.1 一次加密地下水调查结果

1) pH。地下水样品 pH 范围为 7.04～7.08,地下水样品均满足《地下水质量标准》(GB/T 14848－2017)中的Ⅲ类水质标准的要求。

2) 重金属。地下水样品中除 SW1－8m 的样品砷浓度超标外,其余地下水样品的砷浓度均满足《地下水质量标准》(GB/T 14848－2017)中的Ⅲ类水质标准要求。地下水样品中重金属砷的具体检出情况详见表 3－10。

表 3－10　地下水样品检测结果汇总

采样点	样品数/个	项目	单位	检出限	最小值	最大值	检出率	超标率
SW1~SW12	14	砷	μg/L	0.1	<0.1	20.9	35.7%	7.1%

地下水样品中砷检测结果统计表

项目	检出限	SW1－3m	SW1－5m	SW1－8m	SW2	SW3	SW4	SW5	SW6	SW7	SW8	SW9	SW10	SW11	SW12
pH	0.01	7.27	7.19	7.17	7.04	705	7.21	7.15	7.54	7.23	7.22	7.30	7.15	7.58	7.28
砷	0.1 μg/L	ND	ND	20.9	ND	ND	ND	ND	ND	ND	9.0	2.5	5.7	ND	0.5

3.5.2.2 二次加密地下水调查结果

根据第一次加密调查,发现场地地下 5 m 以内地下水中砷的浓度未超过标准,而 8 m 井地下水砷存在超标,因此再增加了 3 个 8 m 井地下水的采集。

1) pH。下水样品 pH 范围为 7.08～7.15,地下水样品均满足《地下水质量标准》(GB/T14848－93)中的Ⅲ类水质标准的要求。

2) 重金属。3 个地下水样品中 SW6－8m 和 SW8－8m 的重金属砷超过《地下水质量标准》(GB/T 14848－2017)的Ⅲ类标准限值;SW10－8m 虽然未超过标准限值,但砷的浓度接近标准限值。地下水样品中重金属的具体检出情况详见表 3－11。

表 3－11　地下水样品检测结果汇总

采样点	样品数/个	项目	单位	检出限	最小值	最大值	检出率	超标率
SW6－8m SW8－8m SW10－8m	3	砷	μg/L	0.1	9.2	52.0	100%	66.7%

（续表）

地下水样品中砷检测结果统计表

项目	检出限	SW6-8m	SW8-8m	SW10-8m
pH	0.01（无量纲）	7.08	7.10	7.15
砷	0.1 μg/L	35.6	42.0	9.2

3.5.3　调查结果分析

根据详细调查,场地地下 8 m 的地下水中砷的浓度普遍较高,4 个样品中有 3 个超过相关标准限值。砷通常在地下水中以砷酸盐和亚砷酸盐的形式存在,通过分析地下水中的阴离子浓度可知,地下水中砷的浓度与氯离子、碳酸氢根等存在明显的相关性。国内外的研究表明,在氯化物重碳酸盐型地下水中砷的浓度往往很高。因此,初步推断场地地下水中砷浓度超标主要受地下水离子化学型影响,背景值较高所致。

专家点评

土壤和地下水检测结果评价是场地调查的重中之重,应该认真对待。这个案例在以下几个方面做得很好:

◎ 将对标结果、检测限、检测值范围、筛选值或标准值、超标点位及其超标数列于表中,清晰明了,结论易得。

◎ 把超标的点位信息列于布点图中,有利于详细调查和后续工作的开展。

缺点或者需要提高的地方:

◎ 没有针对性地分析超标原因或者对场地调查和勘探获取的资料进行客观分析,指出超标的污染物源头在哪里。而这一点特别重要,只有掌握了土壤和地下水污染原因,才能为将来的详细调查、风险评估和土壤修复工作做好准备。

◎ 没有说明超标点位与原场地污染排放的关系。

◎ 缺超标点位污染分布图。

◎ 结论仅仅给出详细调查的结论即可。

◎ 应给出明显结论,即详细调查结果是否超标。

◎ 根据初步调查和详细调查结论,需要进一步进行人体健康风险评估。

3.6　不确定性分析

1）尽管本次场地环境详细调查选择了初步调查中发现的超标污染物作为污染监测因子,但不排除其他信息的缺失而导致确定的潜在污染因子未能充分涵盖场地所有潜在污染源类型的情况。

2）本报告仅针对场地土壤和地下水环境现状进行调查与评价。后续场地若持续受纳新污染源,或开发过程中发现其它区域可能存在污染异常,则需另行调查评估。

3)某建设工程质量检测有限公司仅能保证所提供的技术工作和专业判断符合中国环境专业领域的惯例,除此之外,不对本项目的任何方面进行担保。本报告仅限本项目的委托方使用,第三方采用本报告的责任完全由当事人承担。

附件一:现场采样施工照片*
附件二:钻孔及成井*
附件三:工程地质剖面图*
附件四:地下水采样、建井及洗井记录单*
附件五:检测样品交接单*
附件六:土工检测报告*
附件七:地下水样品检测报告*
附件八:质控报告*
附件九:实验室资质*

专家点评

土壤环境调查报告附件是很重要的证明材料,应该认真对待。这个案例在以下几个方面做得很好:

◎ 对标结果、检测限、检测值范围、筛选值或标准值、超标点位及其超标数列表表达,清晰明了,结论易得;

◎ 把超标的点位信息列于布点图中,清晰明了,有利于详细调查和后续工作开展。

缺点或者需要提高的地方:

◎ 缺签字,检送样品日期的标注比较混乱;

◎ 工作照片需标明日期。

---

* 附件略。

第四章

建设场地人体健康与风险评估案例分析

摘要

超风险可接受水平的污染物及点位

1）土壤超风险关注污染物（5种）：汞、三氯乙烯、苯并(a)芘、二苯并(a,h)蒽、总石油烃。

2）土壤超风险关注污染点位（32个）：SQ－4、SQ－46、SQ－54、SQ－67、SQ－75、SQ－78、SQ－86、SQ－88、SQ－91、SQ－99、SQ－124、QJ－1、SQ－29－9、SQ－42－3、SQ－67－1、SQ－67－2、SQ－67－6、SQ－67－10、SQ－67－0、SQ－68－1、SQ－91－1、SQ－91－4、SQ－91－17、SQ－91－0、SQ－91－22、SQ－103－1、SQ－103－2、SQ－103－3、SQ－106－2、QJ－1－2、SQ－55、SQ－55－0。

3）地下水超风险关注污染物（7种）：砷、氯乙烯、三氯乙烯、四氯乙烯、1,1,2－三氯乙烷、顺－1,2－二氯乙烯、总石油烃。

4）地下水超风险关注污染点位（17个）：SQ－6－W、SQ－9－W、SQ－22－W、SQ－44－W、SQ－48－W、SQ－55及其关联井、SQ－56、SQ－64、SQ－72、SQ－79、SQ－85、SH－1、FM－1、FM－2、SQW－1及其关联井、SQW－11、SQ－44－1。

场地风险控制值

综合考虑了基于人体健康风险的污染物风险控制值及我国已颁布的相关环境质量标准，得到该项目场地的超风险污染物修复目标值，见表4－1。

表4－1 居住用地关注污染物风险控制值

编号	污染物	表层土壤风险控制值/(mg/kg)	下层土壤风险控制值/(mg/kg)	地下水风险控制值/(μg/L)
1	汞	8	无	无
2	砷	无	无	10
3	氯乙烯	无	无	5
4	顺－1,2－二氯乙烯	无	无	132.74
5	三氯乙烯	0.74	0.82	70
6	1,1,2－三氯乙烷	无	无	36.4

（续表）

编号	污染物	表层土壤风险控制值/(mg/kg)	下层土壤风险控制值/(mg/kg)	地下水风险控制值/(µg/L)
7	四氯乙烯	无	无	390.2
8	苯并(a)芘	0.53	无	无
9	二苯并(a,h)蒽	0.53	无	无
10	TPH	914	无	5 020

注："无"表示无此污染物。

建议

对于超风险的污染土壤和地下水区域,需要进一步采取治理措施,降低或消除场地环境污染危害风险。本报告制定的场地污染物风险控制值可作为制定后续场地修复目标值的参考依据。

4.1 项目概况

4.1.1 项目背景

本项目在某路以北、某路以西,场地具体范围为北至某公路、东至某路、南至某路、西至某河,该区域拟再开发建设为某商务圈核心区,总占地面积约为 276 500 m²。该场地范围内历史上存在过六家工业企业,分别为某变速器有限公司(即原某齿轮总厂的南厂区,占地面积 240 000 m²)、某化工机械有限公司(占地面积 2 700 m²)、某实业发展有限公司(占地面积 3 000 m²)、某仪器有限公司(占地面积 3 000 m²)、某物资回收利用有限公司(占地面积 2 100 m²)、某瓶盖有限公司(占地面积 3 000 m²)。剩余的范围内存在有农村居民宅基地、村级道路、河塘等的面积约为 23 500 m²。

2017 年 7 月至 2018 年 8 月,某项目组对该场地分别开展了初步调查和详细调查,与现行标准比对后发现土壤中重金属汞、三氯乙烯、苯并(a)芘、二苯并(a,h)蒽、TPH;地下水中砷、氯乙烯、1,2-二氯乙烯、三氯乙烯、1,1,2-三氯乙烷、四氯乙烯、TPH 超过相关标准限值。

根据《某市环保局、市规划国土资源局、市经济信息化委、市建设管理委关于保障工业企业及市政场地再开发利用环境安全的管理办法》(某环保防〔2014〕188 号)的相关要求:当场地存在污染物浓度超过相应评价标准时,则可能存在健康风险,应进入场地环境详细调查与健康风险评估阶段,开展详细调查监测与人体健康风险评估。

为避免项目场地内土壤和地下水污染物对项目建设和运营过程中相关人员的人体健康产生不良影响,某市某区土地储备中心委托某项目组开展场地环境健康风险评估,并编制本报告。

4.1.2 评估原则

1)以相关的法律、法规和标准为标尺,严格贯彻我国场地污染调查、评估与修复的相

关规定和要求;

2)基于人体健康保护的原则,针对场地土壤及地下水污染的具体性质和环境特征编制风险评估报告;

3)采用国际通用的健康风险评估技术方法,编制科学严谨的评估报告。

4.1.3　评估依据

4.1.3.1　场地健康风险评估相关规范、导则和标准

1)《污染场地风险评估技术导则》(HJ 25.3－2014);

2)《某市污染场地风险评估技术规范》,2016年8月;

3)《土壤环境质量　建设用地土壤污染风险管控标准(试行)》(GB 36600－2018);

4)《地下水质量标准》(GB/T 14848－2017);

5)荷兰建设部关于土地使用和环境干涉值标准《Soil Remediation Circular 2013:Dutch Intervention Values》;

6)美国《爱荷华州土壤和地下水污染物标准》;

7)《土工试验方法标准》(GB－T 50123－1999);

8)总石油烃评价方法(Human Health Risk－Based Evaluation of Petroleum Contaminated Sites)。

4.1.3.2　污染物毒性因子数据库

1)综合风险信息系统 IRIS,美国环保署;

2)国际癌症研究署 IARC;

3)健康效应评估摘要表格 HEAST,美国环保署;

4)毒性参数与物理化学参数表,美国得克萨斯州风险降低项目 TRRP。

4.1.3.3　暴露参数数据库

1)《污染场地风险评估技术导则》(HJ 25.3－2014),人体暴露参数;

2)《某市污染场地风险评估技术规范》,人体暴露参数;

3)*Risk Assessment Guidance for Superfund*, *Volume I*,美国环保署。

4.1.3.4　工作文件

1)《某地块场地环境初步调查报告》,某市环境科学研究院,2017年10月;

2)《某地块场地环境详细调查报告》,某市环境科学研究院,2018年9月。

4.1.4　评估目的

依据国家及地方的风险评估导则和技术规范定量评估场地土壤和地下水关注污染物对未来使用人群造成的健康风险,根据场地规划利用功能制定污染物风险控制值,为场地后期修复治理的实施及投资估算提供支撑。

4.1.5　工作内容及程序

场地污染健康风险评估的主要工作内容包括:场地特征参数测定、关注污染物筛选

和评估、关注污染物毒性评估、场地暴露模型建立、暴露参数确定、致癌风险和非致癌暴露量计算、致癌风险和非致癌危害表征、计算基于风险的土壤/地下水风险控制值等。

工作程序见图4-1。

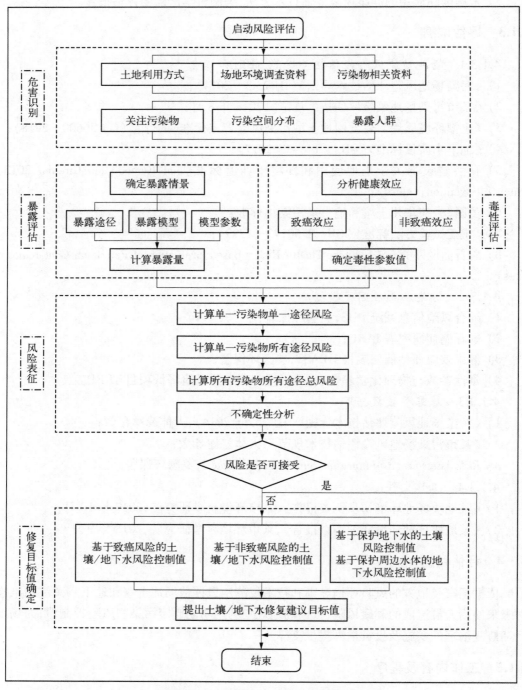

图4-1 场地健康风险评估工作程序

专家点评

大家在写这一部分时,往往搞不清法律、法规、政策、规范、导则和标准,也搞不清国家、行业和地方标准,因而容易写得编制依据乱、位置和顺序乱,工作内容的依据也不规范。希望大家注意以下几点:

◎ 这一部分专家意见主要参考第一章第一部分专家分析意见内容;

◎ 摘要中结论主要给出依据初步调查和详细调查得出的结论以及经过场地环境人体健康评估的结果是哪些即可;

◎ 根据初步调查和详细调查内容和结果,对于超过筛选值的因子一般都要进行健康风险评估。对于国家标准中没有标准的因子,建议参考国外相关标准评价;

◎ 本例摘要中缺对健康风险评估工作的描述,仅仅给出结果,太突兀;

◎ 图 4-1 内容太多了,应该简化,突出本项工作。

4.2 场地概况

4.2.1 场地未来规划

本项目场地位于某区某街道西南部,北面紧邻某街道,西面紧邻某工业区。项目场地"四至"范围为东至某路、南至某路、西至某河、北至某公路。参照某商务圈(核心区)控制性详细规划,该项目场地的后续规划用途包括:住宅组团用地(约 70 600 m²)、基础教育用地(约 25 000 m²)、商业办公用地(约 84 200 m²)、商业服务用地(约 7 300 m²)、社区级公共设施用地(约 2 200 m²)、公共绿地(34 000 m²)和道路用地等。

4.2.2 场地环境调查概况

4.2.2.1 场地环境初步调查概况

2018 年 8 月,项目组采用《土壤环境质量 建设用地土壤污染风险管控标准(试行)》中第一类用地的筛选值对土壤检出项重新评价后,筛选得到超标点位 13 个,土壤超标污染物调整为重金属汞(Hg)、三氯乙烯、苯并(a)芘、石油烃。采用《地下水质量标准》(GB/T 14848-2017)Ⅲ类标准等相关标准对地下水检出项进行重新评价后,筛选得到超标点位 18 个,地下水超标污染物调整为重金属砷、氯乙烯、1,2-二氯乙烷、四氯乙烯、总石油烃。

4.2.2.2 场地环境详细调查概况

详细调查由某市环境科学研究院于 2018 年 6 月完成。项目组对初步调查监测中发现存在超标的污染关注区域,按照网格化布点的方式(网格尺寸不超过 20 m×20 m)设置了详细监测点位,检测分析因子为各区域内筛选得到的关注污染物。共设置土壤详细监测点位 137 个,实际采集土壤样品 623 个,包含现场土壤平行样 19 个;设置地下水详细监测点位 66 个,地下水监测井 77 口,实际采集地下水样品 80 个,包含现场平行样 3 个。

监测结果显示,土壤共计 27 个点位超标,超标因子涉及三氯乙烯、多环芳烃和 TPH,其中三氯乙烯的超标深度最大达 5 m;地下水共计 4 个点位超标,超标因子为砷、氯乙烯、1,2 -二氯乙烯、三氯乙烯、1,1,2 -三氯乙烷、四氯乙烯,超标深度达 12 m。

详细监测采得的土壤和地下水监测点编号、坐标信息和分析项目详见《某地块场地环境详细调查报告》。

专家点评

本章主要回顾初步调查和详细调查的结果,该章节名称可以改为回顾性评价,目的是为了让专家和调查人员完全掌握场地环境质量现状,为详细调查工作提供支持,为专家评判详细调查工作正确与否提供支持。希望大家注意以下几点:

◎ 给出主要的调查结果和污染源分析。

◎ 这一节既不要太长,无关紧要的东西不能太多;也不要太短,以免对环境质量现状表达不清楚或污染点位信息描述不明确,影响后续调查和评审工作。

在本例中需要改进的地方有:

◎ 补充初步调查和详细调查超标点位分布图。

◎ 补充超标数据列表。

◎ 补充土壤质量和性质表。

4.3 评估方法

场地污染风险定量评估包括致癌风险评估和非致癌危害评估两部分,主要工作内容包括:场地特征参数测定、关注污染物筛选和评估、关注污染物毒性评估、场地暴露模型建立、暴露参数确定、致癌风险和非致癌暴露量计算、致癌风险和非致癌危害表征、计算基于风险的土壤/地下水风险控制值等。

4.3.1 关注污染物识别

根据初步和详细调查获得的基础数据,对该场地土壤和地下水环境健康风险评估中的污染物进行筛选,确定基于环境标准的土壤和地下水中的关注污染物。

4.3.1.1 土壤关注污染物筛选

根据《某市污染场地风险评估技术规范》中规定的筛选标准,本报告土壤关注污染物的筛选选用《土壤环境质量 建设用地土壤污染风险管控标准(试行)》(GB 36600 -2018)中第一类用地筛选值。将土壤中某污染物最高检出浓度与筛选标准进行比较,超出筛选标准的污染物将被列为场地土壤关注污染物。

对于上述国家标准中未给出浓度限值的土壤污染物,则直接判定该物质为土壤关注污染物,下一步计算其健康风险。

4.3.1.2　地下水关注污染物筛选

本报告地下水关注污染物筛选优先选用《地下水环境质量标准》(GB/T 14848－2017)中的Ⅲ级值,其次选用《美国爱荷华州受保护的土壤与地下水标准限值》(Statewide Standards for Soil and Groundwater)的非保护地下水标准值以及荷兰 *Soil Remediation Circular* 2009:*Dutch Intervention Values*(2013)地下水干预值。将地下水中某污染物最高检出浓度与筛选标准进行比较,超出筛选标准的污染物将被列为场地地下水关注污染物。

对于上述标准都未给出浓度限值的地下水污染物,则直接判定该物质为地下水关注污染物,下一步计算其健康风险。

4.3.2　毒性评估

4.3.2.1　致癌性分类

进入健康风险评估的关注污染物首先查阅毒性描述,见附录 B(本节略);然后,对这些污染物的致癌性进行判定,由此确定这些污染物的致癌毒性因子(致癌斜率)与非致癌毒性因子(参考剂量)。

本评估报告依照国际癌症研究署(International Agency for Research on Cancer, IARC)和美国环保署的研究成果(IRIS)进行关注污染物致癌毒性判定。两个机构对化学物质的致癌性分类见附录 C(本书略)。

本报告首先选用国际癌症研究署的致癌性分类,然后参考美国环保署的致癌性分类。根据上述致癌性分类方法,查询 IARC 和 IRIS 数据库,得到致癌性判定结果。

4.3.2.2　毒性因子查询

本报告按照以下资料顺序查询关注污染物的致癌毒性因子(SF 或 URF)与非致癌毒性因子(RfD 或 RfC):

1)《某市污染场地风险评估技术规范》。

2)美国环保署,综合风险信息系统(Integrated Risk Information System, IRIS)。

3)荷兰国立卫生和环境研究院,土壤、沉积物和地下水干涉值技术评估文件(Technical evaluation of the Intervention Values for Soil/Sediment and Groundwater, Rijksinstituut voor Volksgezondheid en Milieu.)。

4)国际癌症研究署(International Agency for Research on Cancer, IARC)。

5)美国得克萨斯州风险降低项目,毒性参数与物理化学参数表(Texas Risk Reduction Program, Toxicity Factors and Chemical/Physical Parameters)。

4.3.2.3　毒性因子换算

在人体健康风险评估中,如果某些污染物在上述毒性数据库没有相关毒性因子,则可以根据该污染物不同吸收途径的毒性因子进行换算,通过吸收途径外推的方法得到数据库中缺漏的毒性因子。但是,当不同吸收途径间的暴露剂量或致毒效性差异较大时,不应用外推法则。

毒性因子外推换算方法见附录 D(本书略)。

4.3.3 暴露评估

4.3.3.1 场地概念模型

建立"源–途径–受体"概念模型,分析场地的污染源、暴露途径和敏感受体。

"源"是指受污染场地的土壤和地下水。根据场地调查结果,确定场地土壤和地下水的污染物及污染分布特征。不同场地的主要污染物及分布特征有所不同,需要根据具体场地的调查资料以及采样监测数据分析场地污染源特征。

"途径"是指污染物从土壤或地下水进入人体的方式。土壤污染物可通过口、鼻和皮肤等多种方式进入人体,可能的暴露途径包括:① 口腔摄入土壤;② 口腔摄入室内灰尘;③ 皮肤接触土壤;④ 皮肤接触室内外灰尘;⑤ 吸入室外土壤飘尘;⑥ 吸入室内飘尘;⑦ 吸入户外气态物;⑧ 吸入室内气态物;⑨ 口腔摄入地下水;⑩ 皮肤接触地下水等。

"受体"指在场地上生活或活动的人。

4.3.3.2 暴露量计算

根据场地概念模型,确定出受体各种暴露途径,分别计算受体在各种暴露途径下的暴露量。

不同暴露途径的暴露量计算公式见附录 E(本书略)。

4.3.4 风险表征

4.3.4.1 致癌风险

致癌风险表示暴露于某种致癌性物质而导致人一生中超过正常水平的癌症发病率,通常用风险值 CR 表示,其计算方法见附录 H.1(本书略)。

为了保护人体健康,根据我国和某市相关技术规范的要求,场地土壤和地下水中单一污染物致癌风险值超过 10^{-6} 或非致癌风险超过 1 的采样点代表的场地区域作为风险不可接受的污染区域,应采取措施进行土壤或地下水修复。反之,则表明在本风险评价所假定的情境下,受体所承受的致癌风险在可接受水平内,无需采取进一步措施。

4.3.4.2 非致癌危害

非致癌危害又称危害商数(HQ),表示由于暴露造成的长期日摄入剂量与参考剂量的比值,其计算方法见附录 H.1(本书略)。

为了保护人体健康,根据我国和某市相关技术规范的要求,场地土壤和地下水中单一污染物非致癌危害超过 1 的采样点代表的场地区域作为风险不可接受的污染区域,应采取措施进行土壤或地下水修复。反之,则表明在本风险评价所假定的情境下,受体所承受的非致癌危害在可接受水平内,无需采取进一步措施。

4.3.5 TPH 的评估

本次评估使用 TPH 工作组提出的基于风险的总石油烃评价方法(Human Health Risk –Based Evaluation of Petroleum Contaminated Sites)。

该方法依据石油烃中的碳当量(carbon equivalent)与化合物在环境中的迁移速率的关系,在计算了250多种单种碳化合物的淋滤系数和挥发系数等的基础上将石油进行了馏分划分,并利用"替代"化合物或混合物的 RfDs 和 RfCs 描述了每种馏分的阈值毒性特性。这样就可以定量评估总石油烃污染可能造成的暴露与风险状况。

本次评估引用 TPH 工作组提供的毒性参数,同时参考美国环保署 IRIS 数据库,以及得克萨斯州 Toxicity Factors and Chemical /Physical Parameters 中各石油烃组分的毒性数据。

专家点评

本章主要在收集和整理毒理学、流行病学、环境监测及暴露情况、土壤生态系统等资料的基础上,通过一定的方法或使用模型来估计某一暴露剂量的化学或物理因子对人体健康造成损害的可能性及损害的性质和程度大小,或者评价污染对土壤生态系统的影响。希望大家注意以下几点:

◎ 这一章对土壤和地下水关注污染物进行识别,给出毒性评估、暴露评估、风险特征和特殊因子评估的依据和方法。

◎ 对于标准中没有的因子参考国外标准,判定浓度较高的进入风险评估程序。

在本例中需要改进的地方有以下几点:

◎ 选择合适的风险评估暴露途径。

◎ 选择合适的评估方法与模型。

◎ 应根据场地的具体情况和场地规划选择评估暴露途径、评估模型等。国外制定土壤筛选值时多设定了居住、商业、工业、娱乐等不同的用地方式,加拿大等国家还设定了农业用地方式。各国在选择土地利用方式,特别是设定每种土地利用方式下的默认暴露场景和暴露途径时,需充分考虑本国有关法律法规的要求和实际情况,如居住用地是否需要考虑饮用地下水途径,是否需要同时考虑人体健康风险和生态风险等。我国在考虑居住用地时,建议同时考虑城市/镇和农村的居住用地,前者主要是多层或高层楼房,可以以居住在含地下室的一楼居民为敏感受体,后者有平房或多层楼房,通常不含地下室,但有小片菜地种植蔬菜。

4.4　场地风险评估

4.4.1　关注污染物确定

4.4.1.1　土壤关注污染物

该场地经过调查监测,土壤采样点位共329个,采集不同深度土壤样品1 118个,筛选

場地环境调查、风险评估与土壤污染修复案例详解

出土壤关注污染物共 23 种(表 4-2)。其中:重金属 5 种,分别为铬、汞、硒、锌、银;有机物 18 种,分别为三氯氟甲烷、三氯乙烯、2-甲基萘、苊烯、苊、芴、菲、蒽、荧蒽、芘、苯并(a)芘、二苯并(a,h)蒽、苯并(g,h,i)苝、邻苯二甲酸二丁酯、苯乙酮、二苯并呋喃、咔唑、TPH。

表 4-2　土壤关注污染物筛选表

类别及编号		检出污染物名称	最高检出浓度	筛选标准/(mg/kg) 建设用地-第一类用地筛选值	是否为土壤关注污染物
无机物	1	镉	2.21	20	否
	2	铬	142	—	是
	3	汞	37.9	8	是
	4	镍	54	150	否
	5	铍	1.99	15	否
	6	铅	130	400	否
	7	砷	17.5	20	否
	8	锑	1.75	20	否
	9	铜	138	2 000	否
	10	硒	2.36	—	是
	11	锌	266	—	是
	12	银	0.13	—	是
有机物	13	乙苯	0.13	7.2	否
	14	对/间二甲苯	0.11	163	否
	15	邻二甲苯	0.1	222	否
	16	三氯氟甲烷	1.5	—	是
	17	顺-1,2-二氯乙烯	1.48	66	否
	18	四氯化碳	0.16	0.9	否
	19	三氯乙烯	1.52	0.7	是
	20	四氯乙烯	5.57	11	否
	21	萘	0.9	25	否
	22	2-甲基萘	0.3	—	是
	23	苊烯	0.4	—	是
	24	苊	0.4	—	是
	25	芴	0.8	—	是
	26	菲	4.4	—	是
	27	蒽	2.1	—	是
	28	荧蒽	8.5	—	是
	29	芘	6.6	—	是
	30	苯并[a]蒽	3.6	5.5	否

（续表）

类别及编号		检出污染物名称	最高检出浓度	筛选标准/(mg/kg) 建设用地-第一类用地筛选值	是否为土壤关注污染物
有机物	31	䓛	3.4	490	否
	32	苯并[b]荧蒽	4.8	5.5	否
	33	苯并[k]荧蒽	2.8	55	否
	34	苯并[a]芘	3.8	0.55	是
	35	茚并[1,2,3-c,d]芘	2.6	5.5	否
	36	二苯并[a,h]蒽	0.6	0.55	是
	37	苯并[g,h,i]苝	2.5	—	是
	38	邻苯二甲酸二丁酯	2.8	—	是
	39	邻苯二甲酸二(2-乙基己)酯	14.6	42	否
	40	苯乙酮	0.3	—	是
	41	二苯并呋喃	0.5	—	是
	42	咔唑	0.3	—	是
	43	TPH	5 470	826	是

注:"—"表示无相关标准。

根据上述表格筛选得到的关注污染物,筛选得到该场地土壤关注点位共 254 个,样品数量 573 个,后续将针对关注污染点位样品及对应的污染物进行风险计算。

4.4.1.2 地下水关注污染物

该场地经过调查监测,地下水采样点位共 161 个,采集地下水样品 183 个,筛选出地下水关注污染物共 9 种(表 4-3)。其中:重金属 1 种,即砷;有机物 8 种,即氯乙烯、反-1,2-二氯乙烯、顺-1,2-二氯乙烯、三氯乙烯、1,1,2-三氯乙烷、四氯乙烯、4-异丙基甲苯和 TPH。

表 4-3　地下水关注污染物筛选表

类别及编号		地下水中检出污染物的名称	检出最大值	筛选标准/(μg/L) GB-Ⅲ级标准	爱荷华-非保护	荷兰DIV	是否为地下水关注污染物?
无机物	1	镉	2	5	/	/	否
	2	铬	11	50	/	/	否
	3	汞	0.2	1	/	/	否
	4	镍	16	20	/	/	否
	5	砷	42	10	/	/	是
	6	铜	41	1 000	/	/	否
	7	锌	18	1 000	/	/	否

（续表）

类别及编号	地下水中检出污染物的名称	检出最大值	筛选标准/(μg/L)			是否为地下水关注污染物？
			GB-Ⅲ级标准	爱荷华-非保护	荷兰DIV	
8	氯甲烷	14	—	270	/	否
9	氯乙烯	812	5	/	/	是
10	氯乙烷	6	—	14 000	/	否
11	丙酮	2130		32 000	/	否
12	1,1-二氯乙烯	5.3	30	/	/	否
13	反-1,2-二氯乙烯	36.6	50	/	/	是
14	顺-1,2-二氯乙烯	5 290		/	/	
15	2-丁酮	14		21 000	/	否
16	三氯甲烷	5	—		/	否
17	1,2-二氯乙烷	6	60		/	否
18	苯	8	50		/	否
19	三氯乙烯	5 380	10		/	是
20	4-甲基戊酮	5	70	2 800	/	否
21	甲苯	12	—		/	否
22	1,1,2-三氯乙烷	183	700		/	是
23	四氯乙烯	3 060	5		/	是
24	氯苯	4	40		/	否
25	乙苯	33	300		/	否
26	间/对-二甲苯	25	300		/	否
27	邻-二甲苯	23	500	/	/	否
28	正丙苯	1		3 500	/	否
29	1,3,5-三甲苯	3	—	1 800	/	否
30	1,2,4-三甲苯	4	—	1 800	/	否
31	4-异丙基甲苯	43	—	—	—	是
32	苯酚	3	—	10 000	/	否
33	4-甲基酚	23	—	3 500	/	否
34	双(2-乙基己基)酞酸酯	8	8	/	/	否
35	TPH	93 764	—	—	600	是

注："—"表示无相关标准；"/"表示未参考该标准。

根据表4-3筛选得到的关注污染物，筛选得到该场地地下水关注点位共22个，样品共32个，后续将针对关注污染点位样品及其对应的污染物进行风险计算。

专家点评

本章主要确定关注污染物、关注污染点位及其大致污染范围。希望大家注意以下几点：

◎ 这一节对土壤和地下水关注污染物进行识别,千万不要仅仅拷贝初步调查和详细调查报告的结果,否则虽然尊重他们的调查结果,但可能会出现偏差。尤其注意不要出现以下几个情况：在国内标准、规范、政策等变化前后,很容易出现不正确判断;由于上述两个报告人专业水准或认真程度不同,有可能造成结论错误;业主发来的报告可能不全或不准确、结论也可能出现常识性的错误,如出现地下水中修复"三价铬"的问题。

◎ 这一节可以和第二节合并来写。

在本例中需要改进的地方有：

◎ 上述表格应增加一列关于超标点位信息;

◎ 超标点位土壤基本信息可以单列一个表。

4.4.2　污染物毒性评估

4.4.2.1　毒性描述

本场地共确定了30种关注污染物,分别为：铬、汞、硒、锌、银、砷、氯乙烯、反-1,2-二氯乙烯、顺-1,2-二氯乙烯、1,1,2-三氯乙烷、四氯乙烯、三氯氟甲烷、三氯乙烯、2-甲基萘、苊烯、苊、芴、菲、蒽、荧蒽、芘、苯并(a)芘、二苯并(a,h)蒽、苯并(g,h,i)苝、邻苯二甲酸二丁酯、苯乙酮、二苯并呋喃、咔唑、4-异丙基甲苯、TPH。查询上述关注污染物的物化性质、健康毒性和急性毒性,相关描述结果列于附录B(本书略)。

4.4.2.2　致癌毒性判定

对于进入健康风险评估的关注污染物,首先查阅毒性描述,其次对这些污染物的致癌性进行判定,由此确定这些污染物的致癌毒性因子(致癌斜率SF或单位风险因子URF)与非致癌毒性因子(参考剂量RfD或参考浓度RfC)。

本评估报告依照国际癌症研究署(International Agency for Research on Cancer, IARC)和美国环保署IRIS的研究成果进行关注污染物致癌毒性判定。首选国际癌症研究署的致癌性分类,然后参考美国环保署的致癌性分类。两个机构对化学物质的致癌性分类标准和说明列于附录C(本书略)。

致癌性判定结果见表4-4。根据表4-2所示,本场地有8种关注污染物[砷、氯乙烯、三氯乙烯、1,1,2-三氯乙烷、四氯乙烯、苯并(a)芘、二苯并(a,h)蒽、咔唑],兼具致癌性和非致癌性,本报告将评估其致癌风险及非致癌危害;其余关注污染物只具有非致癌性,本报告仅评估其非致癌危害。

表4-4　场地关注污染物致癌性判定表格

关注污染物	CAS号	致癌性分类		是否具有致癌风险
		IARC	IRIS	
铬	7440-47-3	Group 3	D	否
汞	7439-97-6	Group 3	D	否

（续表）

关注污染物	CAS 号	致癌性分类		是否具有致癌风险
		IARC	IRIS	
硒	7782-49-2	Group 3	D	否
锌	7440-66-6	NA	D	否
银	7440-22-4	NA	D	否
砷	7440-38-2	Group 1	NA	是
氯乙烯	75-01-4	Group 1	A	是
三氯乙烯	79-01-6	Group 1	NA	是
反-1,2-二氯乙烯[a]	156-60-5	NA	NA	否
顺-1,2-二氯乙烯[a]	156-59-2	NA	NA	否
1,1,2-三氯乙烷	79-00-5	Group 3	C	是
四氯乙烯	127-18-4	Group 2A	NA	是
三氯氟甲烷[a]	75-69-4	NA	NA	否
2-甲基萘[a]	91-57-6	NA	NA	否
苊烯	208-96-8	NA	D	否
苊	83-32-9	Group 3	D	否
芴	86-73-7	Group 3	D	否
菲	85-01-8	Group 3	NA	否
蒽	120-12-7	Group 3	D	否
荧蒽	206-44-0	Group 3	D	否
芘	129-00-0	Group 3	D	否
4-异丙基甲苯[a]	99-87-6	NA	NA	否
苯并(a)芘	50-32-8	Group 1	NA	是
二苯并(a,h)蒽	53-70-3	Group 2A	B2	是
苯并(g,h,i)苝	191-24-2	Group 3	NA	否
邻苯二甲酸二丁酯	84-74-2	NA	D	否
苯乙酮	98-86-2	NA	D	否
二苯并呋喃	132-64-9	NA	D	否
咔唑	86-74-8	Group 2B	NA	是

注：表中的 a 表示目前 IARC 和 IRIS 数据库中没有该物质致癌性分类的依据，在相关毒性数据库中查询到该物质具有非致癌毒性，本评估将该类物质判定为非致癌物，计算其非致癌危害。

4.4.2.3 毒性参数取值

按照4.2.2节所给数据库查询场地关注污染物致癌毒性因子（致癌斜率）与非致癌毒性因子（参考剂量），结果见附录F（本书略）。对于总石油烃的评估，选取了点位SQ-91-S-2.0的土壤样品进行14段总石油烃检测，得到各碳链段的分段浓度见表4-5。检出结果显示，本场地石油烃污染物主要为C16~C21、C21~C35的高碳链段的芳香族和脂肪族石油烃。由此数据选择毒性因子。

表 4-5　土壤样品中 14 段总石油烃检测结果

芳香族	检测值/(μg/L)	脂肪族	检测值/(μg/L)
C5 - C7	<0.5	C5 - C6	<0.5
C7 - C8	<0.5	C6 - C8	<0.5
C8 - C10	<0.5	C8 - C10	<0.5
C10 - C12	<5	C10 - C12	<5
C12 - C16	<10	C12 - C16	<10
C16 - C21	<10	C16 - C21	20
C21 - C35	48	C21 - C34	97

专家点评

　　本节主要确定关注污染物致毒性(致癌毒性和非致癌毒性)和毒性参数取值。希望大家注意以下几点：

　　◎ 人体健康风险评估时会用到污染物理化性质参数,不同途径的污染物毒性参数,场地土壤、地下水等基本参数,以及建筑物基本参数及人体暴露参数。其中,前两者在本国参数缺乏的情况下可参考国外权威数据库。场地基本参数和建筑物基本参数的资料相对容易搜集,我国最缺乏人体暴露参数的数据,目前仅体重、皮肤表面积、呼吸速率等少数参数有全国或典型区的调查数据。

　　◎ 荷兰、英国在大量试验数据统计的基础上,考虑了土壤理化性质对土壤污染物生物有效性的影响,并在制定筛选值时考虑了土壤有机质和黏粒含量的影响。我国目前开展了不少相关研究,但比较零散,缺乏全国性、系统性的研究和总结,建议在目前情况下选用保守的土壤理化性质参数,如低 pH 和有机质含量、砂性土壤等。这样制定的土壤筛选值会相对保守,如果实际场地的土壤性质与默认的标准土壤差异很大,则建议采用风险评估制定具体场地的筛选值和修复目标值。

　　◎ 污染物的人体健康毒性参数(如不同暴露途径的参考剂量/浓度以及致癌斜率因子、吸收效率因子等)是进行毒性评估的重要依据,各国污染物毒性参数的来源不同,也是可能导致筛选值差异的原因。

　　◎ 所有的毒性计算和参数选取,一般不考虑多污染物毒性叠加问题。

4.4.3　暴露评估

4.4.3.1　土地利用类型

　　本场地未来的规划类型包括：住宅组团用地、基础教育用地、商业办公用地、商业服务用地、社区级公共设施用地、公共绿地和道路用地。但考虑到未来各规划地块间距离较近且目前场地内各地块均无明确分割线,出于保守性考虑,选择本场地不同用地类型中最为保守的居住用地作为典型暴露场景进行风险评估。根据《某市污染场地风险评估技术规范》,居住用地属于第一类用地方式,本评估报告将按照第一类用地对场地相关区域土壤和地下水进行评估。

4.4.3.2 源-途径-受体分析

根据场地的调查分析结果,结合场地历史和规划的用途,建立"污染源-污染物迁移路径-受体"的暴露途径概念模型。

（1）污染源

项目场地中的污染源为土壤和地下水中的关注污染物。考虑到不同地层深度污染土壤理化性质和污染迁移途径不同,本项目按埋深将污染土壤分为表层土和下层土进行分析。

其中,表层土为 0~2.0 m 的土壤(此厚度包含建筑地坪和残留建筑垃圾的厚度);下层土为 2.0 m 及以下土壤;受污染地下水,本项目指有自由水位的潜水含水层。

（2）污染物迁移路径

场地环境中的污染物主要通过空气和水等流动介质进行迁移。土壤和地下水中的挥发性和半挥发性有机物以蒸汽和土壤飘尘的形态通过大气扩散方式进行迁移;土壤中的污染物还可以通过地表径流扩散到场地各处,通过渗透方式进入地下水体并扩散到场地各处;污染土壤还可经由人类活动(如踩踏、挖掘)迁移到场地各处;地下水中的污染物可借助地下水流迁移扩散。

（3）受体

在场地开发及后续使用过程中,可能受污染物影响的敏感受体有:居住用地下的场内居民,当建设开发为居民区后,土壤中的污染物将对居住于此的居民产生暴露风险,居民受体既包括成人又包括儿童;建筑工人,场地在开发建设期间均有建筑工人参与施工建设,土壤和地下水中的污染物将对建筑工人产生暴露风险,建筑工人为成人受体。

4.4.3.3 暴露途径分析

受体处于污染环境中,可能通过口腔摄入、皮肤接触及呼吸吸入三种途径受到暴露。针对本场地的几类受体,其暴露途径分析如下:

（1）场内居民

规划场地开发为居住区后,在此生活的居民存在接触裸露土壤的情形。分析场内居民的行为特征,本次评估认为其暴露途径如下:

在小区内活动时经口摄入表层土壤;在小区内活动时皮肤接触表层土壤;吸入表层土壤颗粒物;吸入室外空气中来自表层土壤的气态污染物;吸入室外空气中来自下层土壤的气态污染物;吸入室内空气中来自下层土壤的气态污染物;吸入室外空气中来自地下水的气态污染物;吸入室内空气中来自地下水的气态污染物;在小区内活动时经口意外摄入地下水(本项目场地开发后不使用地下水,参考建筑工人意外摄入污染地下水暴露途径)。

（2）建筑工人

在居民区的开挖建设期间,土壤和地下水因为施工操作将暴露在空气下,因此对于建筑工人来说,同时存在受到表层、下层污染土壤和污染地下水暴露的情形。分析建筑工人的行为特征,本次评估认为在场地建设开发过程中建筑工人的暴露途径如下:施工中经口摄入表层和下层土壤;施工中皮肤接触表层和下层土壤;施工中吸入表层和下层土壤颗粒物;施工中吸入室外空气中来自表层土壤的气态污染物;施工中吸入室外空气中来自下层土壤的气态污染物;施工中吸入室外空气中来自地下水的气态污染物;施工中经口意外摄入地下水。

4.4.3.4　场地概念模型

根据上述污染源分析、污染物迁移途径分析、敏感受体分析以及受体暴露途径分析,建立场地概念模型(conceptual site model)。

污染源、受体类型及其暴露途径分析结果见表4-6,场地概念模型示意图见图4-2。

表4-6　污染源、受体类型及其暴露途径分析表

污染源	暴露途径	受体类型	
		场内居民	建筑工人
表层污染土壤	经口摄入表层土壤	√	√
	皮肤接触表层土壤	√	√
	吸入表层土壤颗粒物	√	√
	吸入室外空气中来自表层土壤的气态污染物	√	√
下层污染土壤	经口摄入下层土壤	×	√
	皮肤接触下层土壤	×	√
	吸入室外空气中来自表层土壤的气态污染物	×	√
	吸入室内空气中来自下层土壤的气态污染物	√	×
地下水	经口意外摄入地下水	√	√

专家点评

本节根据前期调查结果,进行暴露评估。主要依据场地用地类型确定受体;对污染源进行分析,说明污染源源强、位置、污染类型、分布等信息;污染源暴露途径分析主要说明污染物达到受体的途径及其依靠什么介质传播。场地概念模型是依据上述事实建立起来的,故必须保障上述相关分析准确。在撰写这一部分时,希望大家注意以下几点:

◎ 对于用途复杂的场地以最严格的场地用途评估。

◎ 受体要根据产地用途进行仔细分析,不要遗漏受体,如儿童、老人。场内居民应该包含儿童,在计算时注意单独分析。

◎ 污染源强分析,很多仅仅分析污染源污染物组成和类别,没有进行源强分析与计算;最好根据企业资料对具体的污染源强进行分析,然后进行合理的源强计算。污染源强的分析方法很多,大家需要仔细学习并应用到实际工作中。

◎ 暴露途径分析,必须做到全面,不要遗漏任何途径。《污染场地风险评估技术导则》(国家导则)和《某市污染场地风险评估技术规范》对暴露途径的考虑比较全面,在综合考虑保护人体健康各途径的基础上,还考虑了对地下水的保护,即土壤淋溶至地下水的暴露途径。但在计算时大多报告都没有计算皮肤暴露情景。

◎ 场地概念模型,是指用文字、图、表等方式来综合描述污染源、污染迁移途径、人体或生态受体接触污染介质的过程和接触方式。场地概念模型中用到的参数要注意收集全,不要缺项。

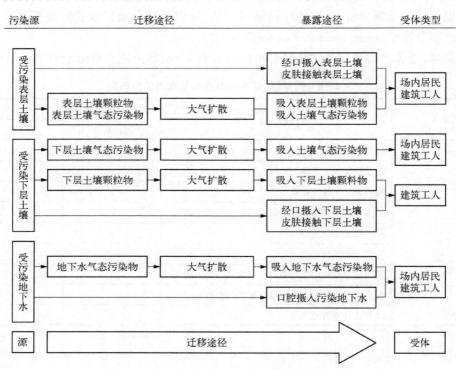

图4-2 场地"污染源-途径-受体"暴露途径

4.4.4 风险表征

4.4.4.1 土壤

根据暴露途径分析,该场地用地类型下场内居民以及建筑工人通过口腔摄入、皮肤接触和呼吸吸入污染物的暴露途径受到危害。土壤中关注污染物对居民和建筑工人的健康风险计算见附表 H-3~H-10(本书略)。

（1）土壤对居民的致癌风险

表层土壤有 23 个监测点位(26 个样品)对居民的致癌风险超出可接受水平(10^{-6});下层土壤无监测点位对居民的致癌风险超过可接受风险水平。污染点位、非致癌风险及关注污染物见表 4-7。

表4-7 土壤对居民的致癌风险超出可接受水平的监测点位

点 位 名 称		样 品 编 号	超风险关注污染物	致癌风险
表层土壤	SQ-54	SQ-54-0.2	苯并(a)芘	4.14E-06
	SQ-67	SQ-67-0.5	苯并(a)芘	6.40E-06

（续表）

点　位　名　称	样　品　编　号	超风险关注污染物	致癌风险
SQ-88	SQ-88-0.2	苯并(a)芘	1.69E-06
SQ-91	SQ-91-0.5	苯并(a)芘	3.57E-06
SQ-124	SQ-124-0.2	苯并(a)芘	2.26E-06
QJ-1	QJ-1-0.2	苯并(a)芘	3.39E-06
SQ-29-9	SQ-29-9-S-1.0	苯并(a)芘	1.32E-06
	SQ-29-9-S-2.0	苯并(a)芘	1.50E-06
SQ-42-3	SQ-42-3-S-0.2	苯并(a)芘	1.13E-06
SQ-67-1	SQ-67-1-S-1.0	苯并(a)芘	3.57E-06
Q-67-2	SQ-67-2-S-1.0	苯并(a)芘	1.32E-06
SQ-67-6	SQ-67-6-S-1.0	苯并(a)芘	1.13E-06
SQ-67-10	SQ-67-10-S-0.5	苯并(a)芘	2.63E-06
SQ-67-0	SQ-67-0-S-0.5	苯并(a)芘	1.32E-06
SQ-68-1	SQ-68-1-S-0.5	苯并(a)芘	1.32E-06
SQ-91-1	SQ-91-1-S-0.5	苯并(a)芘	1.50E-06
SQ-91-4	SQ-91-4-S-1.0	苯并(a)芘	3.57E-06
SQ-91-0	SQ-91-0-S-1.0	苯并(a)芘	1.50E-06
SQ-91-22	SQ-91-22-S-1.0	苯并(a)芘	1.32E-06
SQ-103-1	SQ-103-1-S-0.5	苯并(a)芘、二苯并(a,h)蒽	7.52E-06
SQ-103-2	SQ-103-2-S-0.5	苯并(a)芘	1.69E-06
SQ-103-3	SQ-103-3-S-0.5	苯并(a)芘	7.15E-06
SQ-106-2	SQ-106-2-S-0.2	苯并(a)芘	1.50E-06
	SQ-106-2-S-0.5	苯并(a)芘	1.32E-06
QJ-1-2	QJ-1-2-S-0.2	苯并(a)芘	1.50E-06
	QJ-1-2-S-1.0	苯并(a)芘	1.32E-06
下层土壤	无		

（表层土壤共列）

（2）土壤对居民的非致癌风险

表层土壤有 14 个监测点位（15 个样品）对居民的非致癌危害超出可接受水平（10^{-6}）；下层土壤有 2 个点位（4 个样品）对居民的非致癌危害超过可接受风险水平。污染点位、非致癌风险及关注污染物见表4-8。

表4-8　土壤对居民的非致癌危害超出可接受水平的监测点位

点　位　名　称	样　品　编　号	超风险关注污染物	非致癌危害
表层土壤	SQ-4	SQ-4-0.2	总石油烃	2.61
	SQ-46	SQ-46-0.5	总石油烃	6.22

（续表）

点 位 名 称	样 品 编 号	超风险关注污染物	非致癌危害
SQ-54	SQ-54-0.2	苯并（a）芘	1.68
SQ-67	SQ-67-0.5	苯并（a）芘	2.58
SQ-75	SQ-75-0.5	汞	7.88
SQ-78	SQ-78-0.5	总石油烃	2.02
SQ-86	SQ-86-0.2	总石油烃	4.63
SQ-91	SQ-91-0.5	苯并（a）芘	1.96
	SQ-91-2.0	总石油烃	1.78
SQ-99	SQ-99-0.5	总石油烃	4.30
QJ-1	QJ-1-0.2	苯并（a）芘	1.52
SQ-67-1	SQ-67-1-S-1.0	苯并（a）芘	1.33
SQ-91-4	SQ-91-4-S-1.0	苯并（a）芘	1.30
SQ-103-1	SQ-103-1-S-0.5	苯并（a）芘	2.33
SQ-103-3	SQ-103-3-S-0.5	苯并（a）芘	2.62
SQ-55	SQ-55-5.0	三氯乙烯	1.07
SQ-55-0	SQ-55-0-S-3.0	三氯乙烯	1.14
	SQ-55-0-S-4.0	三氯乙烯	1.36
	SQ-55-0-S-5.0	三氯乙烯	1.85

注：表层土壤点位为 表层土壤；下层土壤点位为 下层土壤。

（3）土壤对建筑工人的致癌风险

土壤中无监测点位对场地内建筑工人的致癌风险超出可接受水平（10^{-6}）。

（4）土壤对建筑工人的非致癌风险

表层土壤有 7 个监测点位（7 个样品）对建筑工人的非致癌风险超出可接受水平（10^{-6}）；下层土壤中对建筑工人的非致癌风险未超过可接受风险水平。污染点位、非致癌风险及关注污染物见表 4-9。

表 4-9　土壤对建筑工人非致癌风险超出可接受水平的监测点位

点 位 名 称	样 品 编 号	超风险关注污染物	非致癌危害
SQ-46	SQ-46-0.5	总石油烃	1.81
SQ-54	SQ-54-0.2	苯并（a）芘	1.06
SQ-67	SQ-67-0.5	苯并（a）芘	1.63
SQ-75	SQ-75-0.5	汞	1.86
SQ-86	SQ-86-0.2	总石油烃	1.33
SQ-99	SQ-99-0.5	总石油烃	1.24
SQ-103-1	SQ-103-1-S-0.5	苯并（a）芘	1.58
SQ-103-3	SQ-103-3-S-0.5	苯并（a）芘	1.77
下层土壤	无		

4.4.4.2　地下水

根据暴露途径分析,该场地用地类型下场内居民以及建筑工人通过口腔摄入、皮肤接触和呼吸吸入污染物的暴露途径受到危害。地下水中关注污染物对居民和建筑工人的健康风险计算见附表 H-11~H-14(本书略)。

（1）地下水对居民的致癌风险

地下水中有 22 个监测点位(包括 9 个关联井)对居民的致癌风险超出可接受水平(10^{-6}),污染点位、致癌风险及关注污染物见表 4-10。

表 4-10　地下水对居民致癌风险超出可接受水平的监测点位

点位名称/样品编号	超风险关注污染物	致癌风险
SQ-6-W	砷	2.23E-05
SQ-9-W	砷	9.77E-06
SQ-22-W	砷	1.05E-05
SQ-48-W	砷	2.30E-05
SQ-55-W	砷、氯乙烯	2.80E-04
SQW-55-W-2.0	氯乙烯、三氯乙烯	5.50E-05
SQW-55-W-4.0	氯乙烯	2.24E-05
SQW-55-W-6.0	氯乙烯、三氯乙烯	2.60E-05
SQ-55-W-8.0	氯乙烯、三氯乙烯、四氯乙烯	1.81E-04
SQ-55-W-10.0	氯乙烯、1,1,2-三氯乙烷	9.93E-06
SQ-56-W	氯乙烯	2.35E-06
SQ-64-W	砷	1.81E-05
SQ-72-W	砷、氯乙烯	3.94E-05
SQ-79-W	砷	1.05E-05
SQ-85-W	砷	9.77E-06
FM-2-W	砷	9.07E-06
SQW-1-W	氯乙烯	5.57E-06
SQW-1-W-2.0	氯乙烯	7.43E-05
SQW-1-W-4.0	氯乙烯、三氯乙烯	2.78E-04
SQW-1-W-6.0	氯乙烯	2.79E-06
SQW-1-W-12.0	氯乙烯、1,1,2-三氯乙烷	2.26E-05
SQ-44-1-W	砷	9.07E-06

（2）地下水对居民的非致癌风险

地下水中有 17 个监测点位(包括 8 个关联井)对居民的非致癌风险超出可接受水平(10^{-6}),污染点位、致癌风险及关注污染物见表 4-11。

表 4-11 地下水对居民非致癌风险超出可接受水平的监测点位

点位名称/样品编号	超风险关注污染物	非致癌危害
SQ-6-W	砷	1.60
SQ-48-W	砷	1.65
SQ-55-W	氯乙烯、顺-1,2-二氯乙烯	24.3
SQW-55-W-2.0	顺-1,2-二氯乙烯、三氯乙烯	15.0
SQW-55-W-4.0	顺-1,2-二氯乙烯	7.18
SQW-55-W-6.0	顺-1,2-二氯乙烯、三氯乙烯	10.7
SQ-55-W-8.0	顺-1,2-二氯乙烯、三氯乙烯、四氯乙烯	217.0
SQ-55-W-10.0	顺-1,2-二氯乙烯	2.88
SQ-64-W	砷	1.30
SQ-72-W	砷	2.25
SH-1-W	总石油烃	3.43
FM-1-W	总石油烃	18.7
SQW-1-W	顺-1,2-二氯乙烯	1.72
SQW-1-W-2.0	氯乙烯、顺-1,2-二氯乙烯	7.39
SQW-1-W-4.0	氯乙烯、顺-1,2-二氯乙烯、三氯乙烯	43.8
SQW-1-W-12.0	顺-1,2-二氯乙烯、1,1,2-三氯乙烷	4.12
SQW-11-W	顺-1,2-二氯乙烯	3.17

（3）地下水对建筑工人的致癌风险

地下水中有 3 个监测点位（包括 1 个关联井）对建筑工人的致癌风险超出可接受水平（10^{-6}），污染点位、致癌风险及关注污染物见表 4-12。

表 4-12 地下水对居民致癌风险超出可接受水平的监测点位

点位名称/样品编号	超风险关注污染物	致癌风险
SQ-55-W	氯乙烯	3.16E-06
SQ-55-W-8.0	三氯乙烯	2.02E-06
SQW-1-W-4.0	氯乙烯	3.14E-06

（4）地下水对建筑工人的非致癌风险

地下水中有 6 个监测点位（包括 3 个关联井）对建筑工人的非致癌危害超出可接受水平（10^{-6}），污染点位、致癌风险及关注污染物见表 4-13。

表 4-13 地下水对居民非致癌危害超出可接受水平的监测点位

点位名称/样品编号	超风险关注污染物	非致癌危害
SQ-55-W	顺-1,2-二氯乙烯	3.40
SQW-55-W-2.0	顺-1,2-二氯乙烯	2.12

（续表）

点位名称/样品编号	超风险关注污染物	非致癌危害
SQW－55－W－6.0	顺－1,2－二氯乙烯	1.52
SQ－55－W－8.0	顺－1,2－二氯乙烯、三氯乙烯、四氯乙烯	30.20
FM－1－W	总石油烃	2.62
SQW－1－W－4.0	顺－1,2－二氯乙烯	6.22

4.4.5 超风险点位汇总

场地土壤、地下水中暴露风险超过可接受水平的关注污染物、暴露点位总结于表4－14(土壤超风险点位图在本书中省略)。

表4－14 场地超风险的关注污染物及其暴露点位

环境介质	超 风 险 点 位	超风险关注污染物
表层土壤	SQ－4－0.2、SQ－46－0.5、SQ－54－0.2、SQ－67－0.5、SQ－75－0.5、SQ－78－0.5、SQ－86－0.2、SQ－88－0.2、SQ－91－0.5、SQ－91－2.0、SQ－99－0.5、SQ－124－0.2、QJ－1－0.2、SQ－29－9－S－1.0、SQ－29－9－S－2.0、SQ－42－3－S－0.2、SQ－67－1－S－1.0、SQ－67－2－S－1.0、SQ－67－6－S－1.0、SQ－67－10－S－0.5、SQ－67－0－S－0.5、SQ－68－1－S－0.5、SQ－91－1－S－0.5、SQ－91－4－S－1.0、SQ－91－17－S－0.5、SQ－91－0－S－1.0、SQ－91－22－S－1.0、SQ－103－1－S－0.5、SQ－103－2－S－0.5、SQ－103－3－S－0.5、SQ－106－2－S－0.2、SQ－106－2－S－0.5、QJ－1－2－S－0.2、QJ－1－2－S－1.0	汞、苯并(a)芘、二苯并(a,h)蒽、总石油烃
下层土壤	SQ－55－5.0、SQ－55－0－S－3.0、SQ－55－0－S－4.0、SQ－55－0－S－5.0	三氯乙烯
地下水	SQ－6－W、SQ－9－W、SQ－22－W、SQ－44－W、SQ－48－W、SQ－55－W、SQW－55－W－2.0、SQW－55－W－4.0、SQW－55－W－6.0、SQ－55－W－8.0、SQ－55－W－10.0、SQ－56－W、SQ－64－W、SQ－72－W、SQ－79－W、SQ－85－W、SH－1－W、FM－1－W、FM－2－W、SQW－1－W、SQW－1－W－2.0、SQW－1－W－4.0、SQW－1－W－6.0、SQW－1－W－12.0、SQW－11－W、SQ－44－1－W	砷、氯乙烯、三氯乙烯、四氯乙烯、1,1,2－三氯乙烷、顺－1,2－二氯乙烯、总石油烃

专家点评 ～～～～～～～～～～～～～～～～～～～～～～～～～～～～～～～～～

本节根据前期调查结果进行风险表征,即在暴露评估和毒性评估的基础上采用风险评估模型计算土壤和地下水污染物的风险值。在撰写这一部分时,希望大家注意以下几点。

◎ 在进行污染物的风险表征时,《污染场地风险评估技术导则》和《某市污染场地风险评估技术规范》的相同之处在于:均分别考虑了致癌污染物的致癌风险和非致癌污染物的非致癌危害商,并先分别计算土壤或地下水中单一污染物经单一途径的致癌风险和非致癌危害商,再计算单一污染物的总致癌风险和非致癌危害指数,计算方法也保持一致。此外,国家导则和地方导则均选择相对保守的10^{-6}作为单一污染物的可接受致癌风险水平,选择"1"作为单一污染物可接受非致癌危害商。国家导则和地方导则的不同之处在于:首先,在进行单一污染物非致癌危害商的计算时,是否考虑暴露于土壤和地下水的参考剂量分配系数SAF和

WAF,上海规范同国家导则应用的推荐模型保持一致,在进行非致癌危害商的计算时均考虑了暴露于土壤和地下水的参考剂量分配系数,而北京导则、重庆指南和浙江导则未对其进行考虑。此外,在完成污染物总致癌风险和非致癌危害指数的计算后应进行不确定性分析,以分析污染场地风险评估结果不确定性的主要来源,国家导则、重庆指南和上海规范中分别对该部分内容进行了详细分析,而北京导则和浙江导则中未涉及该部分内容。

◎ 受体要根据产地用途进行仔细分析,不要遗漏受体,如儿童、老人,场内居民应该包含儿童,在计算时注意单独分析。

◎ 污染源强分析一般仅仅做到污染源污染物组成和类别,没有进行源强分析与计算;最好根据企业资料对具体的污染源强进行分析,然后进行合理的源强计算。污染源强的分析方法很多,大家需要仔细学习并应用到实际工作中。

◎ 暴露途径分析,必须做到全面,不要遗漏任何途径。国家导则和上海规范对暴露途径的考虑比较全面,在综合考虑保护人体健康各途径的基础上,还考虑了对地下水的保护,即土壤淋溶至地下水的暴露途径。但在计算时大多报告都没有计算皮肤暴露情景。

◎ 场地概念模型是指用文字、图、表等方式来综合描述污染源、污染迁移途径、人体或生态受体接触污染介质的过程和接触方式。总的来说场地概念模型包括了与污染场地有关的所有数据和信息,涉及的信息包括了场地的基本信息,地质、水文条件,污染来源、历史、分布、程度、迁移途径,可能的污染暴露介质、途径和潜在的污染受体。

4.5 污染场地风险控制目标值

本次场地健康风险评估是在项目场地环境全过程调查评估工作的基础上,分析场地土壤理化特征和水文地质特征,确认场地未来用地方式和活动人群,按照《某市污染场地风险评估技术规范》的技术要求,分别计算土壤关注污染物基于致癌效应和非致癌效应的风险控制值,风险控制值可为修复技术方案制定提供数据支持。

本次评估使用中科院南京土壤研究所的 HERA 软件计算本场地关注污染物风险控制值。HERA 软件根据国家《污染场地风险评估技术导则》的算法和参数进行开发,计算过程和结果符合我国风险评估技术导则的技术要求。

4.5.1 制定方法

4.5.1.1 污染场地风险控制目标风险水平

根据国家和本市相关技术要求,对于污染场地内超过可接受风险的关注污染物,在制定其风险控制值时设定的可接受风险水平为：① 单一污染物致癌风险目标水平，10^{-6}；② 单一污染物非致癌危害目标水平，1。

4.5.1.2　风险控制值的计算和取值

本场地未来的规划类型包括：住宅组团用地、基础教育用地、商业办公用地、商业服务用地、社区级公共设施用地、公共绿地和道路用地。但考虑到未来各规划地块间距离较近，且目前场地内各地块均无明确分割线，出于保守性考虑，选择本场地不同用地类型中最为敏感的居住用地作为典型暴露场景进行土壤和地下水风险控制值的计算。

（1）土壤

利用该场地土壤特征参数和水文地质参数，依照风险控制的目标风险水平计算居住用地中敏感受体的风险控制值，分别为：保护场内居民健康安全的致癌效应土壤风险控制值；保护场内居民健康安全的非致癌效应土壤风险控制值；保护建筑工人健康安全的致癌效应土壤风险控制值；保护建筑工人健康安全的非致癌效应土壤风险控制值；上述风险控制值中，取值小者作为居住用地土壤关注污染物的风险控制值。

（2）地下水

利用场地土壤特征参数和水文地质参数，依照风险控制的目标风险水平计算居住用地下地下水关注污染物的风险控制值，分别为：保护场内居民健康安全的致癌效应地下水风险控制值；保护场内居民健康安全的非致癌效应地下水风险控制值；保护建筑工人健康安全的致癌效应地下水风险控制值；保护建筑工人健康安全的非致癌效应地下水风险控制值。在上述风险控制值中，取值小者作为地下水关注污染物的风险控制值。

4.5.1.3　超过可接受风险水平的关注污染物

根据4.4.4节风险表征结果，场地健康风险超过可接受风险水平的关注污染物见表4-15。

表4-15　场地健康风险超过可接受水平的关注污染物

污染源	关　注　污　染　物
表层土壤	汞、苯并(a)芘、二苯并(a,h)蒽、TPH
下层土壤	三氯乙烯
地下水	砷、氯乙烯、顺-1,2-二氯乙烯、三氯乙烯、1,1,2-三氯乙烷、四氯乙烯、TPH

4.5.2　表层土壤风险控制值

居住用地类型下，未来的敏感受体为居民和开发建设期的建筑工人，表层土壤的暴露途径如表4-16所示。

按照健康风险评估方法分别计算如下表层土壤风险控制值：保护居民健康安全的致癌效应土壤风险控制值；保护居民健康安全的非致癌效应土壤风险控制值；保护建筑工人健康安全的致癌效应土壤风险控制值；保护建筑工人健康安全的非致癌效应土壤风险控制值。

取上述计算值的较小值作为居住用地表层土壤风险控制值，结果见表4-17。

表 4 - 16　居住用地敏感受体的表层土壤暴露途径分析

污染源	暴露途径	受体类型	
		居　民	建筑工人
表层污染土壤	经口摄入表层土壤	√	√
	皮肤接触表层土壤	√	√
	吸入表层土壤颗粒物	√	√
	吸入室外空气中来自表层土壤的气态污染物	√	√

表 4 - 17　居住用地表层土壤关注污染物风险控制值　（单位：mg/kg）

编号	土壤关注污染物	居　民		建筑工人		居住用地表层土壤风险控制值
		基于致癌	基于非致癌	基于致癌	基于非致癌	
1	汞	—	4.95	—	20.85	4.95
2	三氯乙烯	1.90	0.74	399.91	13.59	0.74
3	苯并(a)芘	0.53	1.48	17.87	2.16	0.53
4	二苯并(a,h)蒽	0.53		17.87	—	0.53
5	TPH	—	914	—	3 110	914

说明：表中"—"表示无致癌毒性因子，未纳入计算。

4.5.3　下层土壤风险控制值

分析场内居民和建筑工人的活动特征，下层土壤的暴露途径如表 4 - 18 所示。

表 4 - 18　居住用地敏感受体的下层土壤暴露途径分析

污染源	暴露途径	受体类型	
		居　民	建筑工人
下层污染土壤	经口摄入下层土壤、皮肤接触下层土壤	×	√
	皮肤接触下层土壤	×	√
	吸入室外空气中来自表层土壤的气态污染物	×	√
	吸入室内空气中来自下层土壤的气态污染物	√	√

按照健康风险评估方法分别计算下层土壤风险控制值：① 保护居民健康安全的致癌效应土壤风险控制值；② 保护居民健康安全的非致癌效应土壤风险控制值；③ 保护建筑工人健康安全的致癌效应土壤风险控制值；④ 保护建筑工人健康安全的非致癌效应土壤风险控制值。

取上述计算值的较小值作为居住用地下层土壤风险控制值，结果见表 4 - 19。

表 4 - 19　居住用地下层土壤关注污染物风险控制值　（单位：mg/kg）

编号	土壤关注污染物	居　民		建筑工人		居住用地表层土壤风险控制值
		基于致癌	基于非致癌	基于致癌	基于非致癌	
1	三氯乙烯	2.17	0.82	399.91	13.59	0.82

说明：表中"—"表示无致癌毒性因子，未纳入计算。

4.5.4 地下水风险控制值

根据建设单位现有规划,项目场地开发后不使用场地地下水,因此场内居民没有直接接触场地污染地下水的暴露情形,无口腔直接饮用途径,因此在暴露途径中经口摄入地下水途径参考建筑工人意外摄入污染地下水暴露途径,以及呼吸室内/室外空气中来自地下水的气态污染物的暴露途径。另一方,在开发建设期间,建筑工人因施工操作不可避免会接触污染地下水,存在口腔、皮肤和呼吸三种暴露途径。基于此分析这两种敏感受体的活动特征,确定评估区域地下水暴露途径如表4-20所示。

表4-20 居住用地敏感受体的地下水暴露途径分析

污 染 源	暴 露 途 径	受体类型	
		居 民	建筑工人
污染地下水	经口意外摄入地下水	√	√
	吸入室外空气中来地下水的气态污染物	√	×
	吸入室内空气中来自地下水的气态污染物	√	√

按照健康风险评估方法分别计算地下水风险控制值:① 保护居民健康安全的致癌效应地下水风险控制值;② 保护居民健康安全的非致癌效应地下水风险控制值;③ 保护建筑工人健康安全的致癌效应地下水风险控制值;④ 保护建筑工人健康安全的非致癌效应地下水风险控制值。

取上述计算值的最小值作为地下水关注污染物风险控制值,结果见表4-21。

表4-21 地下水关注污染物风险控制值 　　　　　　　　(单位: μg/L)

编号	地下水关注污染物	居 民		建筑工人		居住用地表层土壤风险控制值
		基于致癌	基于非致癌	基于致癌	基于非致癌	
1	氯乙烯	2.98	198.46	263.73	1 389.23	2.98
2	顺-1,2-二氯乙烯	—	132.74	—	926.19	132.74
3	三氯乙烯	45.68	31.96	4 127.46	231.39	31.96
4	1,1,2-三氯乙烷	36.4	97.36	3 330.17	1 760.46	36.4
5	四氯乙烯	991.74	390.15	90 406.61	2 777.61	390.15
6	TPH	—	5 020	—	35 762.51	5 020
7	砷	1.43	20	126.6	138.9	1.43

说明: 表中"—"表示无致癌毒性因子,未纳入计算。

4.5.5 风险控制值的修正

4.5.5.1 汇总与比较

将推导计算的风险控制值进行汇总,并与国内外现有相关标准进行对比,结果显示,土壤中汞、苯并(a)芘、二苯并(a,h)蒽和地下水中砷、氯乙烯、三氯乙烯计算所得的风险控制值存在比部分环境标准严格的情形,将计算的风险控制值与相关环境质量标准对比,结果分别见表4-22和表4-23。

表4-22 土壤风险控制值与相关土壤环境质量标准对比 （单位：mg/kg）

风控值及相关标准	关注污染物		汞	苯并(a)芘	二苯并(a,h)蒽
风险控制值	居住用地		4.95	0.53	0.53
相关土壤标准	建设用地筛选值[a]	第一类用地	8	0.55	0.55
		第二类用地	38	1.5	1.5
	北京筛选值[b]	居住	10	0.2	0.05
		公园	10	0.2	0.06
		工商	14	0.4	0.4
	美国 RSL[c]	居住	11	0.11	0.11
		工业	46	2.1	2.1

注：上标a为《土壤环境质量建设用地土壤污染风险管控标准(试行)》(GB 36600-2018)；上标b为《场地土壤环境风险评价筛选值》(DB11T811-2011)；上标c为 US EPA, Regional Screening Level, update(2018.5)。

表4-23 地下水风险控制值与相关地下水环境质量标准对比 （单位：μg/L）

地下水相关标准名称/风险控制值	分类	砷	氯乙烯	三氯乙烯
地下水风险控制值	居住用地	1.43	2.97	31.96
《地下水质量标准》(GB/T 14848-2017)	Ⅲ级标准	10	5	70
荷兰 Soil Remediation Circular(2013)	干预值	60	5	500
美国马里兰州地下水评价标准	/	10	2	5
美国爱荷华州地下水评价标准	保护	10	2	5
	非保护	50	10	25

4.5.5.2 问题分析

通过计算过程审核及参数敏感性分析,这些风险控制值较严格的主要原因在于其毒性非常强(特别是口腔摄入途径的致癌毒性因子或非致癌毒性因子),因此计算推导得到的风险控制值就较为严格。这与国内外的其他标准采用的污染物人体健康风险控制的制定思路和方法是一致的。

4.5.5.3 调整原则

根据前述分析,课题组认为场地内需要后续修复治理的关注污染物的目标值主要以基于计算的风险控制值为依据,但是部分关注污染物的计算风险控制与国内的标准值相比存在差异,课题组认为应考虑到我国的实际可操作性进行调整,考虑如下几个方面：

1)项目区域土壤和地下水背景值。需要修复治理的污染物风险控制值不低于评估区域土壤或地下水中该物质的背景含量值。

2)我国已颁布的相关环境质量标准。需要修复治理的污染物风险控制值不低于环境标准(或筛选值)中最严格的标准值。

3）一般的检测仪器检出限。需要修复治理的污染物风险控制值不低于现有检测技术水平下的仪器检出限。

4.5.5.4 风险控制值调整

风险控制值调整见表4-24。

表4-24 关注风险控制值调整结果汇总

介 质	污染物	推导计算的风险控制值	调整后的风险控制值	调 整 说 明
土 壤	汞	4.95 mg/kg	8 mg/kg	《土壤环境质量 建设用地土壤污染风险管控标准(试行)》(GB 36600-2018)第一类用地筛选值
	苯并(a)芘	0.53 mg/kg	0.55 mg/kg	
	二苯并(a,h)蒽	0.53 mg/kg	0.55 mg/kg	
地下水	砷	1.43 μg/L	10 μg/L	《地下水质量标准》(GB/T 14848-2017)Ⅲ级标准
	氯乙烯	2.97 μg/L	5 μg/L	
	三氯乙烯	31.96 μg/L	70 μg/L	

4.5.6 场地风险控制值汇总

超过可接受健康风险水平的土壤及地下水关注污染物的风险控制值如表4-25所示。

表4-25 居住用地关注污染物风险控制值

编号	污 染 物	表层土壤风险控制值/(mg/kg)	下层土壤风险控制值/(mg/kg)	地下水风险控制值/(μg/kg)
1	汞	8	无	无
2	砷	无	无	10
3	氯乙烯	无	无	5
4	顺-1,2-二氯乙烯	无	无	132.74
5	三氯乙烯	0.74	0.82	70
6	1,1,2-三氯乙烷	无	无	36.4
7	四氯乙烯	无	无	390.2
8	苯并(a)芘	0.53	无	无
9	二苯并(a,h)蒽	0.53	无	无
10	TPH	914	无	5 020

注：表中的"无"表示此污染物在该介质中未超风险或未超标。

专家点评

本节根据前期调查结果进行污染物风险值的设定。在撰写这一部分时,希望大家注意以下几点:

◎ 使用中科院南京土壤研究所的 HERA 软件计算本场地关注污染物风险控制值,只要调取的土壤、地下水资料齐全、正确,计算出的风险值可信。

◎ 风险控制值调整,即部分关注污染物的计算风险控制与国内的标准值相比存在差异,因此以计算的风险控制值为依据,结合项目区域土壤和地下水背景值、我国已颁布的相关环境质量标准及一般的检测仪器检出限等因素对风险控制目标值进行合理调整。

◎ 风险控制值注意污染物的形态、同系物和同分异构体,工业用地的土壤筛选值最宽松,而居住或租赁农地土壤筛选值较严格。当某种污染物既能产生致癌风险又能产生非致癌风险时,基于致癌风险的土壤筛选值通常要严于基于非致癌风险的筛选值。

◎ 在选择人体暴露参数及暴露环境背景(大气、饮用水、食品等)时,注意我国人体暴露参数及环境背景与国外的不同;即对计算结果进行适当关注,对计算结果明显不合理的要进行调整。

◎ 具体场地修复目标值应在场地环境调查和风险评估的基础上制定;可接受致癌风险水平主要为政策因素,由政府主管部门决定。综合考虑到人居环境安全、污染预防和修复成本,建议我国居住用地按照 10^{-6} 的可接受致癌风险水平,商业用地和工业用地采用 10^{-5} 的可接受致癌风险水平。实际上大多统一采用 10^{-6}。

◎ 注意一些概念的区分,如风险控制值、风险筛选指导值、修复标准值、修复目标值、含量限值、本底值、背景值、修复目标值、风险控制值等。

4.6 场地超风险范围

按照污染点位位置和深度,采用专业软件模拟的方法对该场地土壤与地下水污染范围和污染方量进行匡算。

4.6.1 土壤污染范围和方量

土壤中超风险关注污染物共 5 种,包括:重金属汞、挥发性有机物三氯乙烯、半挥发性有机物苯并(a)芘、二苯并(a,h)蒽,以及总石油烃。

软件模拟得到的土壤的修复范围见图 4 - 3。污染土壤修复方量匡算如表 4 - 26 所示。

4.6.2 地下水修复范围和方量

地下水中超风险关注污染物有 7 种,包括:重金属砷、挥发性有机物氯乙烯、顺-1,2 -二氯乙烯、三氯乙烯、1,1,2 -三氯乙烷、四氯乙烯,以及总石油烃。

软件模拟得到的地下水的超风险范围见图 4 - 4。污染地下水修复方量匡算如表 4 -27 所示。

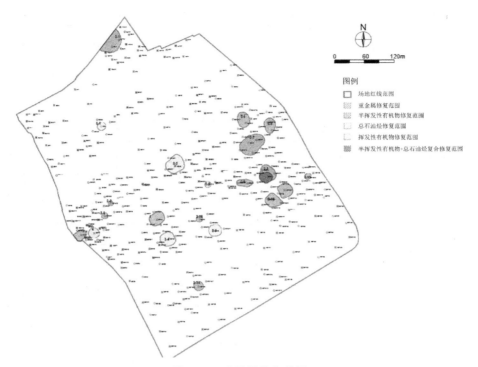

图 4-3　土壤的修复范围

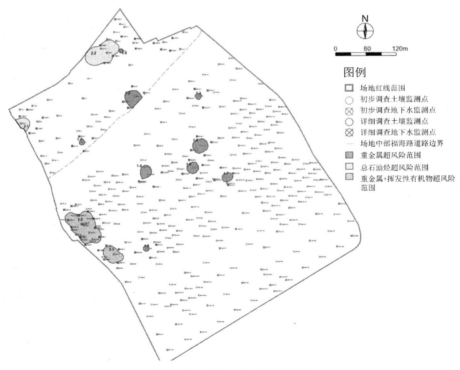

图 4-4　地下水的超风险范围

表 4-26　污染土壤修复方量匡算

污染类型	区域	关注污染物	污染深度/m	修复深度/m	面积/m²	理论修复方量/m³
单一重金属污染	1	汞	0~0.5	1	704.13	704.13
单一半挥发性有机物污染	2-1	苯并(a)芘	0~1.0	2	1 194	2 388
	2-2	苯并(a)芘	0~0.2	0.5	90.61	45.305
	2-3	苯并(a)芘	0~2	3	128.74	386.22
	2-4	苯并(a)芘	0~0.2	1	418.64	418.64
	2-5	苯并(a)芘	0~1.0	2	637.44	1 274.88
	2-6	苯并(a)芘	0~0.5	1	568.13	568.13
	2-7	苯并(a)芘	0~1	2	1 604.22	3 208.44
	2-8	苯并(a)芘	0~1.0	2	513.22	1 026.44
	2-9	苯并(a)芘	0~1.0	2	410.3	820.6
	2-10	苯并(a)芘	0~0.2	1	133.02	133.02
	2-11	苯并(a)芘	0~0.5	1	140.51	140.51
	2-12	苯并(a)芘、二苯并(a,h)蒽	0~0.5	1	715.28	715.28
	2-13	苯并(a)芘	0~0.5	1	721.09	721.09
	2-14	苯并(a)芘	0~0.2	1	309.91	309.91
单一总石油烃污染	3-1	TPH	0~0.2	1	232.92	232.92
	3-2	TPH	0~0.5	1	1 073.25	1 073.25
	3-3	TPH	0~0.5	1	124.72	124.72
	3-4	TPH	0~0.2	1	726.52	726.52
	3-5	TPH	0~0.5	1	525.14	525.14
单一挥发性有机物污染	4	三氯乙烯	0~5.0	6	380.16	2 280.96
半挥发性有机物+总石油烃复合污染	5	苯并(a)芘、TPH	0~2	3	463.82	1 391.46
总　计						19 215.565

表 4-27　污染地下水修复方量匡算

污染类型	区域	关注污染物	污染深度/m	面积/m²	污染体/m³	污染地下水方量/m³
重金属污染	1-1	砷	6	98.24	491.20	122.80
	1-2	砷	6	789.81	3 949.05	987.26
	1-3	砷	6	117.09	585.45	146.36
	1-4	砷	6	463.02	2 315.10	578.78

（续表）

污染类型	区域	关注污染物	污染深度/m	面积/m²	污染体/m³	污染地下水方量/m³
重金属污染	1-5	砷	6	667.78	3 338.90	834.73
	1-6	砷	6	413.06	2 065.30	516.33
	1-7	砷	6	304.24	1 521.20	380.30
	1-8	砷	6	112.42	562.10	140.53
	1-9	砷	6	51.64	258.20	64.55
总石油烃污染	2-1	TPH	6	483.41	2 417.05	604.26
	2-2	TPH	6	2 240.74	11 203.70	2 800.93
重金属+挥发性有机物污染	3-1	砷、氯乙烯	6	950.3	4 751.50	1 187.88
	3-2	砷、氯乙烯、顺-1，2-二氯乙烯、三氯乙烯、1，1，2-三氯乙烷、四氯乙烯	12	2 992.04	32 912.44	8 228.11
总　计						16 592.8

注：场地中部的某路已于 2018 年 3 月建成，考虑到后续修复施工的可实施性，1-2 区域修复北边界与道路边界重合。

4.7　结论及建议

4.7.1　结论

4.7.1.1　暴露受体

根据后续用地规划，项目场地以居住用地作为典型用地类型进行评价，将居住人员纳入本次健康风险评估。此外，在该场地的后续开发建设中还将涉及建筑工人，因此将建筑工人也纳入本次健康风险评估。

1）居住人员。规划为居住用地，敏感受体为居住人员，既包括成人受体，又包括儿童受体。

2）建筑工人。在开发建设施工期间，场地建筑工人会接触污染土壤及地下水，从而产生暴露风险。

4.7.1.2　超风险可接受水平的污染物及点位

土壤超风险关注污染物（5 种）：汞、三氯乙烯、苯并（a）芘、二苯并（a，h）蒽、总石油烃。

土壤超风险关注污染点位（32 个）：SQ-4、SQ-46、SQ-54、SQ-67、SQ-75、SQ-78、SQ-86、SQ-88、SQ-91、SQ-99、SQ-124、QJ-1、SQ-29-9、SQ-42-3、SQ-67-1、SQ-67-2、SQ-67-6、SQ-67-10、SQ-67-0、SQ-68-1、SQ-91-1、SQ-91-4、SQ-91-17、SQ-91-0、SQ-91-22、SQ-103-1、SQ-103-2、SQ-103-3、SQ-106-2、QJ-1-2、SQ-55、SQ-55-0。

地下水超风险关注污染物（7种）：砷、氯乙烯、三氯乙烯、四氯乙烯、1,1,2-三氯乙烷、顺-1,2-二氯乙烯、总石油烃。

地下水超风险关注污染点位（17个）：SQ-6-W、SQ-9-W、SQ-22-W、SQ-44-W、SQ-48-W、SQ-55及其关联井、SQ-56、SQ-64、SQ-72、SQ-79、SQ-85、SH-1、FM-1、FM-2、SQW-1及其关联井、SQW-11、SQ-44-1。

4.7.1.3　场地风险控制值

综合考虑了基于人体健康风险的污染物风险控制值及我国现已颁布的相关环境质量标准数值，得到该项目场地的超风险污染物修复目标值，见表4-28。

表4-28　居住用地关注污染物风险控制值

编号	污染物	表层土壤风险控制值/(mg/kg)	下层土壤风险控制值/(mg/kg)	地下水风险控制值/(μg/L)
1	汞	8	无	无
2	砷	无	无	10
3	氯乙烯	无	无	5
4	顺-1,2-二氯乙烯	无	无	132.74
5	三氯乙烯	0.74	0.82	70
6	1,1,2-三氯乙烷	无	无	36.4
7	四氯乙烯	无	无	390.2
8	苯并(a)芘	0.53	无	无
9	二苯并(a,h)蒽	0.53	无	无
10	TPH	914	无	5 020

注：表中"无"表示此污染物在该介质中未超风险或未超标。

4.7.2　建议

对于超风险的污染土壤和地下水区域，需要进一步采取治理修复措施，降低或消除场地环境污染危害风险。本报告制定的场地污染物风险控制值可作为后续场地修复目标值制定的参考依据。

附录[*]

附录A　场地土壤特征参数

附录B　污染物毒性描述

附录C　毒性因子外推

附录D　暴露量计算

　　D-1　计算方法

　　D-2　公式参数说明

---

[*] 原报告中的附录在本书中已省略。

第五章

某工业场地土壤和地下水污染修复竣工案例分析

摘要

本项目场地属于某市某地区的核心区块,场地土壤目标污染物为重金属(铅),地下水目标污染物为总石油烃。根据《关于保障工业企业及市政场地再开发利用环境安全的管理办法》(某市环保防〔2014〕188 号),经场地环境详细调查与健康风险评估确认为污染场地的,场地责任方应按照国家和本市相关标准规范的要求对污染场地进行治理修复。

2018 年 1 月,某有限公司、某环境修复有限责任公司联合体通过公开招投标方式成功中标。随后,中标方根据《某市某核心区场地污染土壤与地下水修复工程某场地地块(一标段)投标文件》《某地块(某企业、某村)场地健康风险评估与修复策略》,编制《某场地地块(一标段)修复技术方案》并通过专家组评审和环保局备案。2018 年 3 月 5 日开工,2018 年 5 月 15 日完成现场所有施工工作,2018 年 6 月 12 日通过验收。所有工程内容均已通过第三方检测验收。

(1)修复工程量

完成土壤修复工程量 1 119 m³;完成地下水修复工程量 1 847 m³。

(2)修复技术

污染土壤采用异位稳定化修复技术;地下水采用异位抽出处理技术,处理工艺采用"气浮+Fenton 高级氧化+活性炭吸附"。

(3)全过程的环境管理计划确保整个施工过程无二次污染

1)针对地下水污染区域抽提的地下水,运输至其它场地污水处理站处理后达标后排放。

2)针对污染土壤清挖过程的扬尘问题,采取机动车洒水和防尘网覆盖的方式控制扬尘。

3)对施工过程可能产生的噪声,采取降噪措施,削减噪声强度,机械配备消声装置,保证白天与夜间场界噪声达标,现场噪声定期监测。

4)针对土壤挖掘、装载和运输环节可能产生的二次污染,原则上,污染土现挖现装,装载时禁止超载,污染土壤装载后用油布覆盖,防止污染土壤散落。

5)全过程现场及周边环境监测,确保施工过程不会对周边产生影响。

专家点评

本验收报告摘要给出的内容详细、较为全面,涵盖了整个修复工程验收的每个环节和验收内容,得出了工程达到目标的结论。

但本摘要需要改进的地方如下:

◎ 应补充说明该工程做了哪些监理和监测验收工作,验收资质、资料、监理日志等内容是否完善,整个过程是否合法,是否达到验收水平;

◎ 说明做了哪些检测内容、监理工作,达到了什么要求,整个施工过程得到其他两方的首肯;

◎ 增加施工自检测工作结果;

◎ 增加修复达到目标情况;

◎ 修复过程产生的各类废物走向,地下水走向及其排放要求。

5.1　场地概况

5.1.1　工程概况

本修复工程场地位于某市某地区某核心区,2018 年 1 月,某有限公司、某环境修复有限责任公司联合体通过公开招投标方式成功中标,随后,中标方根据《某市某核心区场地污染土壤与地下水修复工程某场地地块一标段投标文件》,《某地块(某企业、某村)场地健康风险评估与修复策略》编制《某场地地块(一标段)修复技术方案》并通过专家组评审和环保局备案。2018 年 3 月 5 日开工,2018 年 5 月 15 日完成现场所有施工工作,2018 年 6 月 12 日完成验收。所有工程内容均已通过第三方检测验收。本项目简要工程信息见表 5-1。

表 5-1　项目简介

工程名称	某市某场地污染土壤和地下水修复工程
工程地点	略
建设规模	污染土修复工程量约 1 119 m³,地下水修复工程量约 1 847 m³
污染物类型	土壤:重金属铅污染。地下水:总石油烃污染
修复技术	土壤采用异位稳定化技术,处置合格后外运中央绿地作景观堆土;地下水采用抽提处理技术,处置合格后纳管排放
质量标准	符合本工程提出的修复目标值
工程工期	90 日历天
监管单位	某市某区环保局

发包单位	某开发建设有限公司
监理单位	某环境保护有限公司
承包单位	某有限公司、某环境修复有限责任公司联合体

5.1.2　编制依据

本方案依据的招标文件及国家和地方建设规范标准等如下：

1）《中华人民共和国环境保护法》，2015 年 1 月 1 日；

2）《中华人民共和国大气污染防治法》，2015 年 8 月 29 日；

3）《中华人民共和国水污染防治法》，2008 年 6 月 1 日；

4）《中华人民共和国环境噪声污染防治法》，1996 年 10 月 29 日；

5）《中华人民共和国固体废物污染环境防治法》，2005 年 4 月 1 日；

6）《中华人民共和国土地管理法》；

7）《中华人民共和国水法》，2003 年 3 月 26 日；

8）《建设项目环境保护管理条例》国务院令第 253 号，1998 年 11 月；

9）《职业性接触毒物危害程度分级》（GB 50844－85）；

10）《工业场所有害因素职业接触限值》（GBZ 2－2002）；

11）《关于切实做好企业搬迁过程中环境污染防治工作的通知》（环办［2004］47 号）；

12）《关于加强土壤污染防治工作的意见》（环发［2008］48 号）；

13）《环境保护部办公厅印发关于保障工业企业场地再开发利用环境安全的通知》（环发［2012］140 号）；

14）《国务院办公厅关于印发近期土壤环境保护和综合治理工作安排的通知》（国办发［2013］7 号）；

15）《环境保护部办公厅关于加强工业企业关停、搬迁及原址场地再开发利用过程中污染防治工作的通知》（环发［2014］66 号）；

16）关于发布《工业企业场地环境调查评估与修复工作指南（试行）》的公告（环境保护部，2014 年第 78 号）；

17）国家环境保护总局《空气和废气监测分析方法》（第四版）；

18）《建设工程施工现场管理规定》；

19）《建设工程安全生产管理条例》；

20）《关于保障工业企业及市政场地再开发利用环境安全的管理办法》（某市环保防［2014］188 号）；

21）某市政府办公厅转发市规划国土资源局制定的《关于加强工业用地出让管理的若干规定（试行）》（某府办［2014］26 号）；

22）某市政府办公厅转发市规划国土资源局制定的《关于加强工业用地出让管理的若干规定》（某府办［2016］23 号）；

23）《某市经营性用地和工业用地全生命周期管理土壤环境保护管理办法》（某环保防〔2016〕226号）；

24）《场地环境调查技术规范》（发布稿）（HJ 25.1 - 2014）；

25）《污染场地环境监测技术导则》（发布稿）（HJ 25.2 - 2014）；

26）《污染场地风险评估技术导则》（发布稿）（HJ 25.3 - 2014）；

27）《污染场地土壤修复技术导则》（发布稿）（HJ 25.4 - 2014）；

28）《环境监测分析方案标准制定技术导则》（HJ/T 168 - 2004）；

29）《土壤环境监测技术规范》（HJ/T 166 - 2004）；

30）《地下水环境监测技术规范》（HJ/T 164 - 2004）；

31）《地下水质量标准》（GB/T 14848 - 1993）；

32）《地表水环境质量标准》（GB 3838 - 2002）；

33）《环境空气质量标准》（GB 3095 - 2012）；

34）《某市污染场地风险评估技术规范》；

35）《某市场地环境监测技术规范》；

36）《某市场地环境调查技术规范》；

37）《某市污染场地修复技术方案编制规范》；

38）《某市场地土壤环境健康风险评估筛选值》；

39）《某市污染场地修复工程验收技术规范》；

40）《土壤环境质量　建设用地土壤污染风险管控标准（试行）》（GB 36600 - 2018）；

41）《污水排入城镇下水道水质标准》（GB/T 31962 - 2015）；

42）《污水综合排放标准》（DB 31/199 - 2009）；

43）《某市某地区某核心区场地污染土壤与地下水修复工程某场地地块一标段施工招标文件》；

44）《某市某地区某核心区场地污染土壤与地下水修复工程某场地地块一标段投标文件》；

45）《某地区某场地地块（一标段）修复技术方案（备案稿）》；

46）《某地区某地块（某企业、某村）场地健康风险评估与修复策略（评审稿）》；

47）《某地区某场地地块（一标段）施工方案》。

5.1.3　项目由来

某市"某城"规划开发区域东至某路，西至外环线，南至某路，北至某高速，土地面积约为7.92 km²。总体定位为：推进某地区产业转型升级，聚焦功能、突出核心，加快形成以三大产业为主导的新型产业体系，打造"一谷、两园"的产业载体。

该区规划原为某工业区，从20世纪80年代开始聚集了大量的工业生产企业，并且生产工业和环保设施相对落后，对场地中的土壤和地下水具有潜在污染。2013年至2014年某市环境监测中心对规划开发区分步开展了土壤和地下水污染初步调查评估和详细调查评估项目，并编制了《某工业区土壤环境普遍调查与评估报告》。

2015年5月,某市环境科学研究院根据上述工作成果编制完成《某科技智慧城场地健康风险评估》和《某科技智慧城场地污染土壤与地下水修复技术方案》报告,并通过专家评审。

为进一步提高规划区内各场地污染状况及污染范围判定和匡算的针对性、合理性,并考虑到前期调查阶段部分企业或建筑物未拆除、调查不彻底等情况,在与建设单位以及相关管理部门充分沟通的基础上,某市某院于2017年10月开始,对某场地(某企业、某村)开展了环境初步调查工作。

为了进一步确定场地土壤及地下水污染的程度和范围,某环科院又对某场地(某企业、某村)开展了后续的场地环境详细调查工作。并按照我国和某市相关技术导则和规范,于2017年12月针对某场地(某企业、某村)编制场地健康风险评估和修复策略,并通过专家评审。

根据《关于保障工业企业及市政场地再开发利用环境安全的管理办法》(某市环保防〔2014〕188号),经场地环境详细调查与健康风险评估确认为污染场地的,场地责任方应按照国家和本市相关标准规范的要求对污染场地进行治理修复。

2018年1月,我方通过招投标工作并顺利中标后,根据业主要求和《某市污染场地修复技术方案编制规范》编制《某场地地块(一标段)修复技术方案》,并在某市某区环保局备案。在项目施工前期,我方编制《某场地地块(一标段)施工方案》以及其他一系列准备工作,为项目的顺利实施奠定了良好的技术和工程基础。

5.1.4 修复工程概述

5.1.4.1 场地历史

某场地(某企业、某村)总面积22 700.8 m²,区域权利人主要是:某村、某企业、某园。其中,某村所属的企业为某印务有限公司、某染料厂(表5-2),某印务有限公司于2000年建立于此处,主要生产各种塑料类食品袋等产品;某染料厂是具有三十余年历史的染料生产,主要生产中温染色活性染料、高温染色活性染料、印花专用型活性染料。某企业所属的企业为某化学有限公司,成立于2003年4月,是一家以药物中间体、精细化学品的研究开发及其产业化经营为主的药物化学高新技术企业。某镇所属的企业为某制笔有限公司、某锅炉有限公司和某轮胎厂。某园所属的企业为某测控系统有限公司、某电气有限公司。某测控系统有限公司主要从事测控设备、仪器仪表的生产加工以及计算机专业的技术服务、技术咨询;销售仪器仪表、电子元件。某电气有限公司主要从事制造、销售仪表、变送器、电动机保护、软件保护装置、低压开关及配件,以及电力监控系统软硬件、工业测控仪器仪表的开发、生产、销售,承接自动化控制工厂工程、计算机网络工程、楼宇自动化工程。

根据历史航拍照片(2000~2017年),项目场地没有明显变化,直到2016年起构筑物陆续实施拆除,至今项目场地北面某村位置和中间某企业位置为闲置空地,南面某园的建筑物正在拆除过程中(表5-3)。

表 5-2　项目场地内企业历史生产情况

企业名称	主要生产情况	所属位置
某印务有限公司	成立于 2000 年 2 月,公司拥有员工 50 余人、专业生产各种塑料类食品袋、拉链袋、异型袋、切封袋自立袋、蒸煮袋、真空袋、医药袋,以及纸巾湿巾袋等塑料包装袋及 PVC 标签、瓶标和各种自动卷膜和单膜	某村
某染料厂	具有三十余年历史的染料生产,主要生产中温染色活性染料、高温染色活性染料、印花专用型活性染料。所生产的"百花牌"X、K、KE、KN、M、M-E、EF、B、BES 型活性染料系列适用于各种印染工艺需要,并生产"百花牌"印花染料色浆	某村
某化学有限公司	成立于 2003 年 4 月,是一家以药物中间体、精细化学品的研究开发及其产业化经营为主的药物化学高新技术企业,其中许多合成技术和产品居国内领先地位	
某测控系统有限公司	主要从事测控设备、仪器仪表的生产加工,计算机专业的技术服务、技术咨询,销售仪器仪表、电子元件	某园
某化学公司	该企业主要从事制造、销售仪表、变送器、电动机保护、软件保护装置、低压开关及配件,电力监控系统软硬件、工业测控仪器仪表的开发、生产、销售,承接自动化控制工厂工程、计算机网络工程、楼宇自动化工程	某园

表 5-3　项目场地历史情况

序号	历史航拍图	历史情况说明
1		项目场地: 2000 年,项目场地中,南面的某园已经建成,中间地块为村办企业,北面的某村已存在企业 场地周边: 2000 年,项目场地西面的 621 地块主要以工业为主。地块南面隔某高速主要以工业为主,有小部分宅基地住户
2		项目场地: 2002 年,项目场地某村部分企业进行改建,其余地块未发生明显变化 场地周边: 2002 年,项目场地周边主要以工业为主,无明显变化。场地外西面的某地块企业存在改建,场地南面空地上有企业陆续搬入。地块外西面隔某路的某地块开始建造都市型工业示范区
3		项目场地: 2009 年,项目场地内中间部分原有的企业搬迁,建筑物拆除,某化学有限公司从 2003 年起入驻该地块 场地周边: 2009 年,西面某地块陆续有新的企业搬入

（续表）

序号	历史航拍图	历史情况说明
4	 2014 年 4 月	项目场地： 2014 年，项目场地无明显变化
		场地周边： 2014 年，项目场地西面某地块的企业陆续搬迁，建筑物拆除
5	 2016 年 11 月	项目场地： 2016 年，项目场地内北面的某村企业全貌
		场地周边： 2016 年，项目场地外北面隔某高速的企业区全部变迁，建筑物拆除
6	 2017 年 6 月	项目场地： 2017 年，项目场地全貌
		场地周边： 2017 年，项目场地周边无明显变化

5.1.4.2　场地开发利用

根据现有的控制性详细规划《某市某区某城（W06 -××××单元）控制性详细规划修编》，地块（一标段）后续规划主要为教育科研用地，属敏感性用地。

5.1.4.3　地理位置及周边敏感区

1）地理位置：本项目位于某市某区。

2）周边敏感区：场地地理位置优越，交通便利，施工条件较好。场地北侧为主干道，南侧为商住办公（50 m，场界），西侧有居民区（10 m，场界），东侧为办公楼（10 m，场界）。项目场地边界大约 500 米范围内的敏感目标主要是场地外北面的宅基地，距离项目场地较远。

5.1.4.4　水文地质条件

1）地质条件

根据前期《某地块（某企业、某村）场地环境详细调查报告》，该区域位于正常地层和古河道地层两种不同类型沉积区，大部分区域属于正常地层，土层分布比较复杂，在所揭露深度 8.5 m 范围内为第四纪全新世沉积物，主要由黏性土、粉性土组成，一般具有成层分布特点。根据土的成因、结构及物理力学性质差异，可以划分为 4 个主要层次，其组成及特点如下：

（1）浅部 1 - 1 层杂填土含碎砖、碎石等建筑垃圾，夹植物根茎，土质不均匀，层顶标

高为 5.48~3.37 m,层厚约 0.6~4.5 m;

①-2 层素填土以黏性土为主,含植物根茎及少量小石子等杂物,层顶标高为 4.15~0.23 m,层厚约为 0.20~3.40 m;

①2 层浜填土含大量黑色有机质,局部夹少量碎石及腐殖质,层顶标高为 3.25~0.72 m,层厚约 0.50~1.00 m;

(2) 第②层褐黄-灰黄色粉质黏土,含氧化铁锈斑及铁锰质结核,局部夹薄层粉性土,可塑-软塑状态,中等-高等压缩性。层顶标高一般在 2.72~0.18 m,一般层厚在 0.60~2.80 m;

(3) 第③层灰色淤泥质粉质黏土,含云母、有机质,局部夹少量粉性土,土质不均匀。流速状态,高等压缩性。层顶标高一般在 0.85~0.87 m,层厚约 0.60~3.00 m;

③夹层灰色黏质粉土,含云母、有机质,夹粉砂、黏质粉土及薄层黏性土,土质不均匀。松散-稍密状态,中等压缩性。层顶标高一般在 1.10~−1.80 m,层厚约 0.20~0.90 m;

(4) 第④层灰色淤泥质黏土含云母、有机质,夹极薄层粉砂,土质较均匀。呈流速状态,高等压缩性。该层未钻穿,层顶标高为 −0.58~−2.20 m。

某场地浅部分布①1-1 层杂填土,①1-2 层素填土,①2 层浜填土,第②层褐黄-灰黄色粉质黏土,第③层灰色淤泥质粉质黏土,第④层灰色淤泥质黏土。该区域地层组合不含③夹层黏质粉土的区域,多数以黏性土为主,渗透系数较小,污染物相对较难迁移,且该场地含浜填土,污染物容易富集于该层。该场地最大钻孔深度为 6 m,尚未揭露第④层灰色淤泥质黏土。

2) 水文条件

本场地地下水水位平均为 1 m,地下水流向为自西南向东北。

5.1.4.5　场地现状及周边条件

某场地(某企业、某村)内原属企业为某企业和某村。场地北面某村位置和中间某企业位置为闲置空地,南面某园的建筑物正在拆除过程中。现场状况如图 5-1 所示。

| 某村区域 | 某园区域 |

图 5-1　场地现状照片

根据踏勘,场地地理位置优越,交通便利,施工条件较好。

5.1.4.6　场地污染修复状况及修复目标

(1) 土壤和地下水修复污染状况

本项目土壤目标污染物为重金属(铅),地下水目标污染物为总石油烃。土壤污染范围和地下水污染范围如图5-2与图5-3所示。

图5-2 土壤污染范围

图5-3 地下水污染范围

1）土壤污染状况见表5-4。

表5-4　土壤污染状况表

编　号	污染物	最高检出浓度/(mg/kg)
1	铅	606

2）地下水污染状况见表5-5。

表5-5　地下水污染状况表

编　号	污染物	最高检出浓度/(μg/L)
1	总石油烃	22 536

（2）修复目标

某场地内受污染土壤与地下水经修复后,各类污染物验收检测指标需达到招标文件中相应修复目标限值要求,并满足场地后续土地利用规划中关于教育科研用地的相关使用需求。施工过程中各项环境管理、安全文明施工及二次污染防治目标达到方案设计要求,确保施工过程安全、环保,无扰民事件发生。

土壤各目标污染物的基坑清挖限值和修复目标值如表5-6所示。

表5-6　场地土壤污染物修复目标

编　号	污染物	最高检出浓度/(mg/kg)	现场清理值/(mg/kg)	修复目标值/(mg/L)
1	铅	606	140	0.1

注:修复后土壤铅的修复目标值为其浸出液浓度需要满足《地下水质量标准》(GB/T 14848-1993)Ⅳ类水质标准。

地下水各目标污染物的含量范围和修复目标值如表5-7所示。

表5-7　场地地下水污染物修复目标

编　号	污染物	最高检出浓度/(μg/L)	修复目标值/(μg/L)
1	总石油烃	22 536	2 200

5.1.4.7　修复工程规模

土壤修复工程量的汇总统计信息见表5-8。

表5-8　土壤修复工程量统计表

污染类型	关注污染物	修复深度/m	面积/m²	修复方量/m³
重金属污染	铅	1.0	1 034.6	1 034.6

地下水修复工程量的汇总统计信息见表5-9。

表5-9　地下水修复工程量统计表

污染类型	修复深度/m	修复面积/m²	污染含水层体积/m³	修复方量/m³
总石油烃污染	6	1 461.3	7 306.5	1 826.7

专家点评

在这一章,要对土壤环境初步调查、详细调查和风险评估的回顾内容进行详细叙述,故希望大家注意以下几点:

◎ 注意编制依据和工作依据的法律效力时效、先后、范围等;

◎ 注意根据场地特征选用法律、法规、政策、标准和技术规范等;

◎ 根据场地特征选择布点、打井、取样、监测等各种方法的法律依据;

◎ 根据土壤用途和场地特征选择土壤和地下水评价标准;

◎ 注意国内外标准的选择顺序;

◎ 当所选择的标准、规范、方法等有多种选项时,注意以达到客观评价土壤和地下水环境质量为选择指南;

◎ 在叙述场地历史一节时,应该重点叙述场地历史产生污染环节、产生污染物类型和种类、产生污染的点位等;

◎ 叙述土壤质量和地质条件时重点叙述土壤质量、结构、地下水水质、深度等;

◎ 在叙述场地环境调查结果时,重点叙述超风险点位、范围、深度、污染特点(如单一型还是复合型,是金属复合还是有机物复合,是挥发性有机物还是半挥发性有机物,是致癌还是非致癌等)及污染程度和类型;

◎ 周围敏感目标包括可能产生污染的企业情况和可能受污染影响的敏感目标详述;

◎ 详细描述修复工程中涉及的修复范围、修复污染类型及其示意图。

5.2 修复技术筛选

5.2.1 修复技术及工艺说明

5.2.1.1 场地概念模型

本场地土质以黏性土、粉性土为主,地下水位落差最大约 0.9 m,概念模型中水文地质等地层划分参照某市水文地质资料,为假设性划分。

某场地土壤污染面积约 1 034.6 m²,实际修复工程量 1 119 m³,清挖深度 1 m,为重金属铅污染。

某场地地下水污染面积约 1 461.3 m²,实际修复工程量 1 847 m³,污染深度 1~6 m,为总石油烃污染。

5.2.1.2 总体修复策略

根据某场地污染介质和类型,结合该场地未来规划用途及开发进度等因素,该场地的污染治理采取污染源清除修复并回填的综合策略进行修复治理和风险管控。

1）污染土壤风险控制及修复策略，针对场地污染土壤采取污染源清挖去除和异位工程修复的方式进行修复，修复后合格土壤外运资源化利用。

2）地下水风险控制及修复策略，针对场地污染地下水采取异位抽提处理达标纳入市政管网排放，针对原位地下水超标采取继续抽提方式处理，直至达标。

3）环境风险控制及管理策略，针对场区及周边大气、水、噪声和固体废物等环境要素，制定符合本项目实际的环境管理、环境监测计划。针对工程施工过程中各重点环节，制定有效、严格的二次污染防治专项方案。

5.2.1.3　修复技术介绍

根据招标文件要求及我方环保局备案的修复技术方案：针对污染土壤采取稳定化的工艺进行修复；地下水采取异位抽提处理工艺进行修复，抽出的地下水收集至污水处理站处理合格后纳管排放。

（1）污染土壤稳定化技术

土壤稳定化的原理为稳定化药剂与污染介质、污染物发生物理、化学作用，将污染物转化成化学性质不活泼形态，降低污染物在环境中的迁移和扩散。重金属污染土壤经破碎筛分预处理后，利用土壤改良设备将污染土壤和修复药剂进行搅拌混匀修复，使土壤中的重金属与稳定药剂充分混合反应，起到降低其浸出毒性的效果，以此达到修复污染土壤的目的。具体流程如图5-4所示。

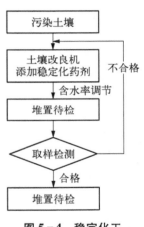

图5-4　稳定化工艺流程

（2）污染地下水抽提处理技术

对通过降水井或抽提井抽出的地下水，采用现场污水处理站进行处理。考虑到场地污染地下水中的污染物主要为总石油烃，设计采用"气浮+Fenton试剂高级氧化+活性炭吸附"工艺进行去除（图5-5）。针对工程降水以及抽提过程中产生的废水中含有的部分土壤固体颗粒，在调节池后设置沉淀池，去除可沉降的土壤固体颗粒，满足后续处理工艺要求。气浮是在水中形成高度分散的微小气泡，黏附废水中疏水基的固体或液体颗粒，形成水-气-颗粒三相混合体系，颗粒黏附于气泡后，形成表观密度小于水的絮体而上浮到水面，形成浮渣层被刮除，从而实现固液或者液液分离的过程。

芬顿氧化是以亚铁离子（Fe^{2+}）为催化剂用过氧化氢（H_2O_2）进行化学氧化的废水处理方法。由亚铁离子与过氧化氢组成的体系，也称芬顿试剂，它能生成强氧化性的羟基自由基，在水溶液中与难降解有机物生成有机自由基，最终氧化分解。

活性炭吸附对水中细小悬浮物以及色度具有良好的去除作用，从而确保废水处理出水水质达标。实践证明，活性炭是用于水和废水处理较为理想的一种吸附剂，能被活性炭吸附的物质很多，包括有机的或无机的，离子型或非离子型的。结构上由于活性炭中的微晶炭呈不规则排列，在交叉连接间存在细孔，活化时会产生炭组织的缺陷，因此

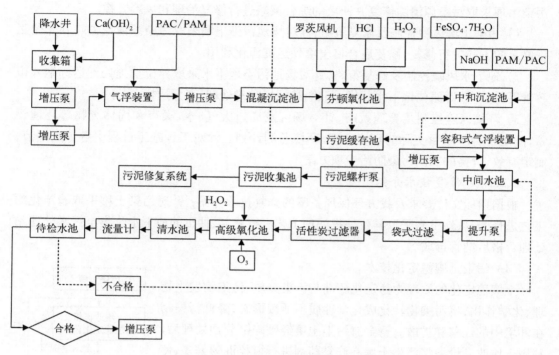

图 5-5　工艺流程图

其堆积密度低、比表面积大且多孔,对水中溶解性的有机物有很强的吸附能力,对去除水中绝大部分有机污染物质都有效果,如酚和苯类化合物、石油以及其他许多人工合成的有机物。

因此,针对上述污水来源特征和水质特点,本工程污水处理主要采用气浮→Fenton 高级氧化→活性炭吸附→检测出水。本项目地下水抽出后利用支架水池暂存,随后通过槽罐车运往某场地。某场地污水处理主要采用临时的现场拼装式集成化水处理设备,修复技术方案中的处理工艺如下:污水水质水量调节→沉淀→气浮→Fenton 高级氧化→精密过滤→活性炭吸附→检测出水。

但是,水处理实际采用该场地运行良好的水处理设备,设备集成更完善,处理工序完全涵盖了某场地修复技术方案中的所有环节,修复效果更佳。实际采用的水处理工艺流程图如下:污水水质水量调节→缓冲沉淀→气浮→混凝沉淀→Fenton 高级氧化→混凝沉淀→气浮→精密过滤→活性炭吸附→检测出水。根据初步设计,主要设备及参数如表 5-10 所示。

表 5-10　主要设备及参数

序号	名　　称	规　格　型　号	数量	备　注
1	进水调节池	$150\,m^3$,停留时间 1 h,水袋,$Q=40\,m^3/h$	2 座	
2	沉淀池	$12\,m \times 3\,m \times 3\,m$,钢制防腐,沉淀时间 2 小时,$Q=10\,m^3/h$	1 座	

(续表)

序号	名 称	规 格 型 号	数量	备 注
3	气浮池	5.84 m×2.5 m×2.48 m，$Q=10$ m³/h	2座	
4	高级氧化反应池	12 m×3 m×3 m；碳钢，三层环氧树脂防腐。包含臭氧发生器、H_2O_2 加药泵、H_2O_2 储罐、耐腐蚀卸药泵等。池体材质为钢制防腐防氧化	1套	
5	强氧化剂投加设备	臭氧发生器（投加量为 600 g/h）、H_2O_2 加药泵（0～150 L/h）各一套。投加系统包含溶药箱、储药箱、搅拌器、计量泵等相关配套设备和电控箱	1套	
6	中间水箱	6 m×3 m×3 m，钢制防腐，停留时间 0.7h，含潜水提升泵 $Q=40$ m³/h，电缆浮球液位开关	1座	
7	活性炭过滤器	$\phi 1.6$ m×$H3.0$ m，设计滤速 $Q=10$ m³/h	3台	
8	出水池	3 m×3 m×3 m，钢制防腐，停留时间 0.7 h，含反洗泵、电缆浮球液位开关	1座	
9	出水暂存池	800 m³，水袋，停留时间 1 h，含外排泵 $Q=40$ m³/h	1座	
10	加药间	7 m×3.5 m×3 m，彩钢棚	1座	
11	操作控制间	3.5 m×3 m×3 m，彩钢棚	1座	

5.2.2 修复总体工艺技术路线

根据招标文件要求及我方修复技术方案，修复总工艺流程如图 5-6 所示。

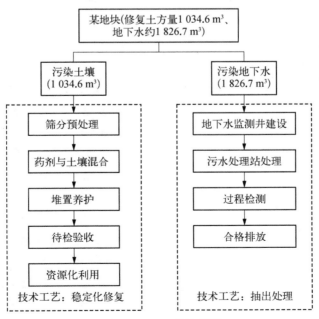

图 5-6 总工艺流程图

专家评审

大家在写修复技术、工艺和流程及整个修复工程时,仅仅注意了对修复技术、工艺和流程的大体描述,需要改进的地方还有很多,希望大家注意以下几点:

◎ 注意修复策略包含监测策略、监理策略等;

◎ 注意修复技术的详细描述,最好说明注意事项和试验参数、工艺参数;

◎ 注意详细叙述工艺流程;

◎ 本案例没有列表说明开挖设备机器及参数;

◎ 注意对总工艺流程图进行描述。

5.3 场地修复模式

5.3.1 施工重点难点分析

施工重点难点分析见表 5-11。

表 5-11 施工重点难点分析

序 号	施工重点难点
1	受污染土壤的修复处置
2	受污染地下水的异位抽提处理
3	环境管理与二次污染防治

5.3.2 工程施工部署

5.3.2.1 工程施工分区

根据某场地整体污染状况,按照污染介质不同,将场地划分为 2 块施工区域,即土壤修复施工区域和地下水修复施工区域(图 5-7)。

5.3.2.2 工程施工流程

某场地土壤与地下水总体修复施工流程如图 5-8 所示。大致施工流程为:施工场地布置→技术准备→设备进场安装调试→土壤开挖修复、外运→地下水实施准备工作(抽提井建设)→地下水抽提处理→过程自检测→竣工验收,以及场地移交。

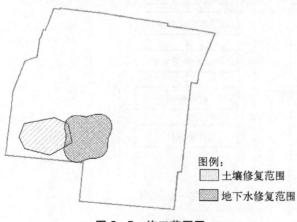

图例:
▨ 土壤修复范围
▩ 地下水修复范围

图 5-7 施工范围图

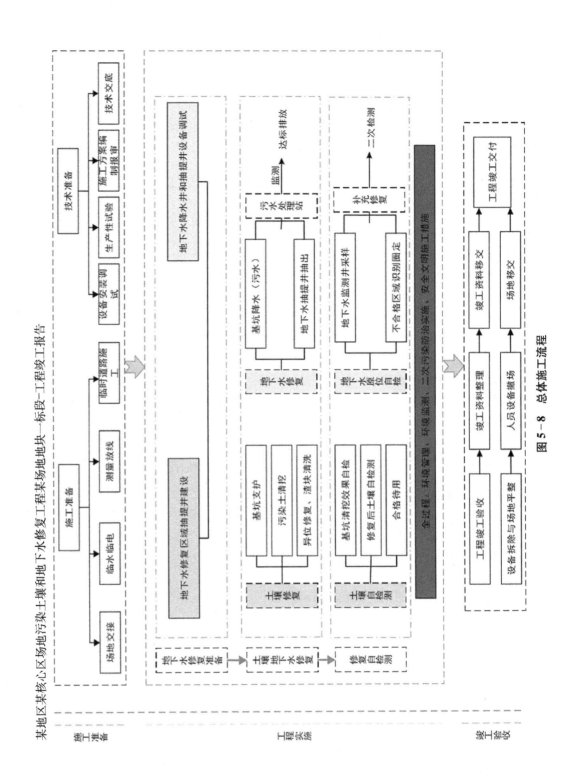

图 5-8　总体施工流程

5.3.3 施工准备

5.3.3.1 施工现场平面布置图

总平面布置图详见附图1修复场地施工总平面布置示意图(本书略)。

5.3.3.2 施工场地准备

根据施工现场平面布置图的规划及现场施工条件,2018年3月5日进场开始进行施工场地准备工作,各关键工作时间节点如表5-12所示。

表5-12 施工准备进度表

序 号	时间节点	事 件
1	2017.12.29	修复技术方案专家评审通过
2	2018.1.24	污染土壤区域测量放线
3	2018.2.26	修复技术方案环保局备案完成
4	2018.3.5	土壤运输道路铺设、暂存池安装
5	2018.3.8	污染地下水测量放线、现场标识牌设立
6	2018.3.11	降水井打井设备进场

5.3.3.3 施工手续准备

1)修复技术方案专家评审

本项目于2017年12月29日完成修复技术方案专家评审,于2018年2月26日完成修复技术方案的环保局备案。

2)纳管排放函

在进行污水修复施工之前,于2018年5月13日完成临时纳管排放相关手续的办理。

5.3.4 污染土壤修复方案

5.3.4.1 土壤污染情况

本项目土壤污染物为重金属铅,针对重金属污染土壤采用异位稳定化技术处理,修复面积为1 119 m²,修复深度为1 m,修复土方量为1 119 m³,见图5-9。

5.3.4.2 技术介绍

固化稳定化是指向重金属污染土壤中加入某一类或几类固化稳定化药剂,通过物理、化学过程防止或降低土壤中有毒重金属释放的一种技术。固化是通过添加药剂将土壤中的有毒重金属包裹起来,形成相对稳定的形态,限制土壤重

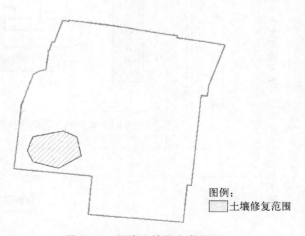

图例:
▨ 土壤修复范围

图5-9 污染土壤修复范围图

金属向环境的释放;稳定化是在土壤中添加稳定化药剂,通过对重金属的吸附、沉淀(共沉淀)、络合等作用来降低重金属在土壤中的迁移性和生物有效性。重金属污染物被固化稳定化后,不但可以减少其向土壤深层和地下水的迁移,而且可以降低重金属在作物中的积累,减少重金属通过食物链传递对生物和人体的危害。

美国环保署认定固化稳定化技术为成熟的污染土壤处理技术,在 1982~2005 年进行的 973 个超级基金污染场地的修复项目中,共有 217 个项目使用了固化稳定化技术(如图 5-10 所示),占总项目数量的 22%。其中,异位固化稳定化处理技术占 79%。

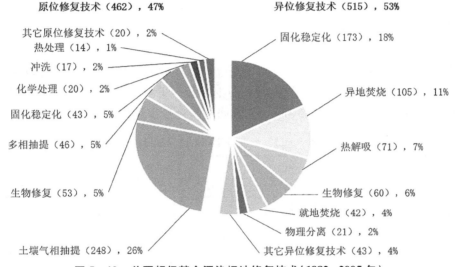

图 5-10　美国超级基金污染场地修复技术(1982~2005 年)

在我国完成的 80 例(2007~2012 年)典型重金属污染场地修复中,使用固化稳定化技术完成的比例达 53%(图 5-11)。

5.3.4.3　工艺流程

本项目重金属污染土壤采用异位稳定化修复技术,工艺步骤主要包括污染土壤预处理、污染土壤和药剂混合及改良土壤静置养护反应 3 个阶段,其工艺流程如图 5-12 所示。

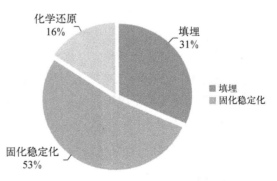

图 5-11　中国污染场地修复固化稳定化技术使用比率

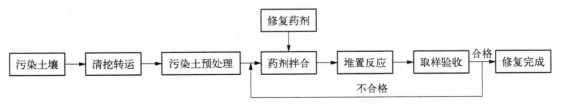

图 5-12　稳定化工艺及实施流程图

5.3.4.4 药剂选择

本项目采用 SSE 稳定化药剂,主要具有稳定化作用。该药剂含有 Mg、Ca、Si、Al 等成分的乳白色粉末。其主要修复原理是利用 Mg、Ca、Si、Al 与重金属发生凝硬反应,降低其迁移能力和浸出毒性。

稳定化技术是一种比较成熟的修复技术,国外有许多污染场地都采用稳定化技术修复重金属污染土壤。一般情况下(避免处于酸性环境条件下),修复后的重金属污染土壤的稳定化效果可以维持很长一段时间,但是对于稳定化技术来说,其不能减少重金属污染物的总量,在环境变化时(尤其是在酸性环境中),难以预测长期的稳定行为,只能通过后续的跟踪监测进行稳定化效果评估。

5.3.4.5 药剂投加量

根据场地前期调查及后期补充调查结果,结合现场小试、中试,得出各区块重金属污染土壤药剂投加量。我方共修复重金属污染土方量为 1 119 m^3,投加生石灰 59.37 t、SSE 药剂 18.1 t。药剂进场如表 5-13 所示,土壤修复药剂投加量如表 5-14 所示。

表 5-13 土壤修复药剂进场统计

序 号	药剂名称	进场日期	数量/t
1	生石灰	2018.3.12	59.37
2	SSE 药剂	2018.3.22	18.1

表 5-14 土壤修复药剂投加量

修复区块	修复工程量/m^3	生石灰/t	SSE 投加量/t
重金属污染区块	1 119	59.37	18.1

5.3.4.6 施工过程

本项目采用固化稳定化工艺修复的范围为重金属污染区块,2018 年 3 月 5 日开始清挖,清挖土方量共计 1 119 m^3,清挖出的污染土壤暂存于修建的现场临时堆土区。采用稳定化修复技术对重金属污染土壤进行处置,后养护 7 天左右,自检采样,合格后报送验收单位采样。

2018 年 3 月 5~6 日对重金属污染区块土壤进行清挖(图 5-13)。

图 5-13 重金属区块开挖

2018 年 3 月 13~25 日对清挖重金属污染土壤进行稳定化修复(图 5-14)。

图 5-14　稳定化修复

重金属污染土壤经稳定化修复后,暂存在处置区堆置,养护一周左右,进行自检与验收采样(图 5-15)。

图 5-15　修复后重金属土壤堆置养护

5.3.4.7　修复工作量统计

本项目共修复重金属污染土方量为 1 119 m³。

5.3.5　地下水修复方案

5.3.5.1　地下水修复情况

某场地地下水污染面积约 1 461.3 m²,总污染方量约 1 826.7 m³,污染深度为 6 m,污染物为总石油烃。修复范围见图 5-16。

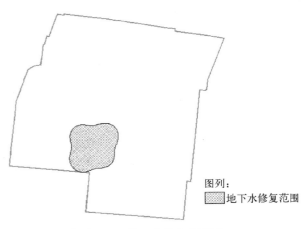

图列:
地下水修复范围

图 5-16　地下水修复范围图

5.3.5.2 地下水抽提处理工艺

根据场地地下水污染类型及污染物空间分布特征,结合修复技术文件相关技术要求、场地施工条件以及工期进度要求,采用的修复技术工艺为异位抽提处理。

本工程采用的异位抽提处理工艺为井点降水抽提处理工艺。抽出后的地下水统一收集至污水处理站进行处理合格后,纳入市政管网排放。各单项技术工艺简介如下。

（1）井点降水

采用抽提处理,在场地内埋设23口量的滤水管(井),利用设备抽水将污染的地下水抽出,进行污水处理(图5-17)。

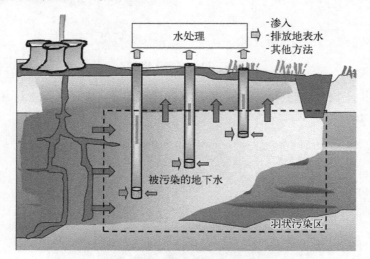

图5-17 井点降水工艺示意图

（2）抽提污水处理工艺

本工程污水处理主要来源有以下几个方面:地下水抽提井抽出地下水、污染渣块冲洗产生废水以及洗车等环节产生的生产废水等,污染物主要包括石油烃以及固体颗粒物等,水质水量随生产的组织变化较大。

针对上述污水来源特征和水质特点,本工程污水处理主要采用污水水质水量调节→气浮→Fenton高级氧化→活性炭吸附→检测出水。具体污水处理工艺如图5-18所示。

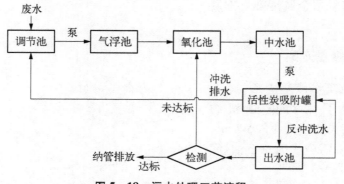

图5-18 污水处理工艺流程

5.3.5.3 施工流程与施工组织

（1）施工流程

地下水修复的总体工艺流程如图 5-19 所示。

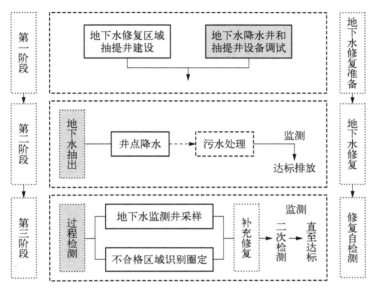

图 5-19 地下水施工流程图

（2）修复施工组织

地下水施工组织大致流程：地下水异位抽提处理→地下水修复自检测→划定不合格区域→组织补充修复→再检测→完成施工。根据施工组织思路，地下水修复分为三个阶段组织施工。

第一阶段，抽提井施工；第二阶段，异位抽提；第三阶段，通过过程检测确定地下水异位抽提处理抽提终点，并组织阶段性地下水采样自检测，划定不合格区域和明确污染方量，开展地下水补充修复工作，补充检测，直至全部修复合格。

5.3.5.4 施工操作

（1）抽提井施工

降水采用管井井点降水，井点沿地下水污染区域布置，降水深度为 6.0 m，井点深度为 6.0 m，井间距 8 m，共布置 23 口管井。管井成孔直径为 350 mm，采用 250 mm 直径波纹管井管（图 5-20）。具体说明如下。

1）本工程采用管井降水，降水深度控制在地面以下 6.0 m。

2）井口应高于地面 0.20 m 以上，以防止地表、污水渗入井内，同时采用优质黏土或水泥浆封闭，其深度为 1.5 m。

3）管井的井壁管均采用波纹管，波纹管直径为 250 mm。

4）淀管主要起到过滤器不致因井内沉砂堵塞而影响进水的

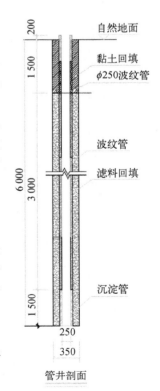

图 5-20 管井结构图
（单位：mm）

作用,沉淀管接在滤水管底部,直径与滤水管相同。

5)降水井进行正式施工前应进行现场抽水试验,根据实际出水量以及降水井的工作状态进一步优化调整降水井设计。

6)应保证降水井的施工质量,钻进时尽量采用清水和稀泥浆。严格控制填滤料的规格,防止水井淤塞和坑外掏空。

7)坑内降水井及观测井在黏土球封堵部分应回填密实,严格隔绝潜水。

(2)井点降水施工操作

表 5-15 某场地降水记录汇总

序　号	日　　期	方量/m³
1	2018 年 3 月 16 日	126
2	2018 年 3 月 23 日	57
3	2018 年 3 月 24 日	94
4	2018 年 3 月 25 日	87
5	2018 年 3 月 26 日	59
6	2018 年 3 月 27 日	107
7	2018 年 3 月 28 日	64
8	2018 年 3 月 29 日	38
9	2018 年 3 月 30 日	47
10	2018 年 4 月 3 日	146
11	2018 年 4 月 4 日	101
12	2018 年 4 月 5 日	95
13	2018 年 4 月 6 日	93
14	2018 年 4 月 7 日	134
15	2018 年 4 月 8 日	94
16	2018 年 4 月 9 日	72
17	2018 年 4 月 10 日	127
18	2018 年 4 月 11 日	98
19	2018 年 4 月 12 日	107
20	2018 年 4 月 13 日	98
汇　　总		1 844

(3)运输路线

从某场地出来,经某路到达该地块,运输距离不超过 1 km(图 5-21、表 5-16)。

图5-21　某场地暂存池水运至某地处理

表5-16　某场地运水记录汇总

序　号	日　　期	方量/m³
1	2018年3月23日	62
2	2018年3月24日	91
3	2018年3月25日	88
4	2018年3月26日	88
5	2018年3月27日	101
6	2018年3月28日	124
7	2018年3月29日	46
8	2018年4月3日	111
9	2018年4月4日	133
10	2018年4月5日	112
11	2018年4月6日	134
12	2018年4月7日	99
13	2018年4月8日	100
14	2018年4月9日	99
15	2018年4月10日	111
16	2018年4月11日	110
17	2018年4月12日	111
18	2018年4月13日	97
19	2018年4月14日	30
汇　　总		1 847

（4）工艺流程

污水水质水量调节→气浮→Fenton高级氧化→精密过滤→活性炭修复→检测出水。

（5）泄露的应急处理措施

运输过程中,若发生泄漏,运输人员立即上报项目部负责人,安排人员清扫收集。

5.3.5.5　水处理设备运行过程

本工程于 2018 年 3 月 16 日开始地下水污染区抽提处理工作,至 2018 年 4 月 14 日完成该项目地下水抽提处理工作,总计处理 1 847 m³。验收合格的水经水务局执法大队检测达标后进行纳管排放(图 5-22~图 5-24)。

图 5-22　水池安装

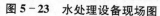

图 5-23　水处理设备现场图

图 5-24　水处理设备运行

每日对药剂投加量进行记录。药剂投加记录汇总情况见表 5-17 和表 5-18。

表 5-17　某场地加药记录表

日　　期	水池	当日水处理量/m³	药剂种类							
			1	2	3	4	5	6	7	8
			PAC/kg	PAM/kg	FeSO₄·7H₂O/kg	Ca(OH)₂/kg	35%H₂O₂/L	30%酸调节剂/L	32%碱调节剂/L	有机硫/L
4 月 4 日	5#	109	123.53	2.47	136.61	58.13	686.70	154.63	115.98	3.63
4 月 5 日	5#	492	557.60	11.15	616.64	262.40	3 099.60	697.98	523.49	16.40

（续表）

日　期	水池	当日水处理量/m³	药剂种类							
			1	2	3	4	5	6	7	8
			PAC/kg	PAM/kg	$FeSO_4 \cdot 7H_2O$/kg	$Ca(OH)_2$/kg	35% H_2O_2/L	30%酸调节剂/L	32%碱调节剂/L	有机硫/L
5月12日	(6+7)#	454	514.53	10.29	569.01	242.13	2 860.20	644.07	483.06	15.13
5月13日	(6+7)#	189	214.20	4.28	236.88	100.80	1 190.70	268.13	201.10	6.30
5月14日	4#	339	384.20	7.68	424.88	180.80	2 135.70	480.93	360.70	11.30
5月15日	4#	264	299.20	5.98	330.88	140.80	1 663.20	374.53	280.90	8.80
合　计		1 847	2 093.27	41.87	2 314.91	985.07	11 636.10	2 620.28	1 965.21	61.57
合计(药剂量换算/kg)			2 093.27	41.87	2 314.91	985.07	13 148.79	3 010.70	2 651.07	72.037

表 5-18　某场地药剂使用情况

序　号	1	2	3	4	5	6	7	8
药剂名称	PAC	PAM	$FeSO_4 \cdot 7H_2O$	$Ca(OH)_2$	35% H_2O_2	30%酸调节剂	32%碱调节剂	有机硫
进货量/t	2.5	0.1	3	2	15	3.5	5	0.1
使用量/t	2.09	0.04	2.31	0.99	13.15	3.01	2.65	0.07
剩余量/t	0.41	0.06	0.69	1.01	1.85	0.49	2.35	0.03

注：所有剩余药剂均送往公司库房保存。

5.3.5.6　修复工作量统计

本项目中,地下水污染采用抽提处理工艺进行修复,井点抽水量为 1 844 m³(图 5-25)。

运水表读数

图 5-25　处理工艺水表读数

5.3.5.7　地下水流向去处说明

修复后的地下水按批次通过验收后，排入污水管网中(图 5-26)。

5.3.6　施工进度总结

本项目地块污染土壤挖运工作自 2018 年 3 月 5 日正式开挖，2018 年 3 月 6 日结束。污染土壤修复自 2018 年 3 月 13 日开始处置，2018 年 3 月 25 日结束，于 2018 年 5 月 4 日通过验收。

地下水污染修复自 2018 年 3 月 11 日降水井施工，2018 年 5 月 15 日施工完成，2018 年 6 月 12 日验收结束。本项目地块土壤及地下水修复主要时间节点见表 5-19。

图 5-26　污水纳管排放

表 5-19　地下水修复施工进度表

序　号	池号	方量/m³	开始时间	结束时间	自检采样日期	验收采样日期
1	5#	601	2018/4/4	2018/4/5	2018 年 4 月 6 日	2018 年 4 月 11 日
2	6#+7#	643	2018/5/12	2018/5/14	2018 年 5 月 14 日	2018 年 5 月 24 日
3	4#	603	2018/5/14	2018/5/15	2018 年 5 月 16 日	2018 年 5 月 24 日
总计方量		1 847				

5.3.7　现场监理资料清单

本项目地块修复施工,严格按照实施方案、技术交底进行施工,同时在环境监理的监督下,顺利完成了修复施工及自检验收工作。报审现场监理方的资料清单详见表5-20。

表5-20　报审现场监理资料清单

序　号	报　审　资　料	纸质版
1	工程开工令	√
2	施工组织设计报审表	√
3	施工药剂备案表及药剂进场清单	√
4	报验申请表	√
5	污染土壤清挖修复记录表	√
6	污染土壤修复药剂投加原始记录表	√
7	基坑降水井施工原始记录表	√
8	降水记录表	√
9	污染地下水修复药剂投加原始记录表	√
10	地下水运输票签单	√
11	临时纳管排放许可证	√
12	竣工图纸	√

专家评审 ~~~~~~

大家在写修复工程实施时,要准确反映施工过程,不仅仅要描述施工过程,还要把过程合法性、过程产生现象及其自检测、检测验收、监理过程进行全面合理报告,并附证明材料。本案例需要改进的地方较多,希望大家注意以下几点:

◎ 注意在修复施工重点难点(5.3.1节)中增加当施工过程中若发现土壤或地下水污染异常应该立即启动应急预案等;

◎ 注意分区修复;

◎ 注意施工过程图的详细描述,要与实际过程吻合,以便后续检查施工中是否有错误节点和环节,保证施工准确;

◎ 最好附上施工图纸;

◎ 注意施工进度、方案细化,要有监测计划和方案及其节点,要有监理计划和方案及其节点,要有应急预案;

◎ 修复方案准备工作应该包括修复方案的解读、注意事项及细化修复方案细节,做到施工方案无漏点;

◎ 明确进行了施工图纸的审查工作,研究证明无漏项,无安全隐患;

◎ 明确施工各环节责任人和责任团队及其责任;

◎ 在介绍修复技术时要介绍原理、技术使用条件和使用边界,注明该技术使用过程中可能发生的问题及其解决办法；

◎ 在土壤开挖时,要求土壤及时清运,不要堆放,防止污染事故发生,如施工过程发现挥发性有毒有害物质,立即停止施工,并采取密闭方式进行施工;

◎ 修复过程的细化说明及其注意事项;

◎ 修复药剂有特别规定,应选取行政准入药剂,并附证明。

5.4 环境管理计划

5.4.1 现场环境管理措施

5.4.1.1 现场办公区、生活区环境管理

1）建立严格的卫生值日制度,每天保持室内清洁卫生,各种标识牌整齐悬挂,保持干净良好的工作和生活环境；设置垃圾桶,生活垃圾统一集中收集,并及时清运处置。

2）饮用水卫生。统一配置饮水机,统一购买桶装矿泉水,禁止饮用现场自来水及其他用水。

3）个人卫生。办公区与生活区设置统一的衣帽间、淋浴间,施工人员（包括管理人员）上下班统一更换工作服,保持个人卫生；项目部定期组织员工进行体检,防止传染病的发生。

图 5-27　现场洒水降尘

4）经常洒水降尘,降低扬尘对人体和环境的影响（图 5-27）。

5）设置专用垃圾袋/桶,以便收集施工人员使用过的安全防护用品,与生活垃圾分开,例如一次性手套、防护口罩等,禁止随地丢弃。

6）办公区禁止吸烟,设禁止吸烟标志牌。

5.4.1.2 施工区环境管理

（1）仓库、道路管理

1）现场道路每天采用洒水车依据现场扬尘情况不定时进行洒水防尘作业,对于暴露的尘源及时清理,如不能及时清理应洒水控制或用覆盖物苫盖,防止扬尘。

2）现场需清运的建筑垃圾按品种、名称、规格及有害无害等标牌标识,按指定位置集中堆放及处理。

3）药剂仓库由专人管理,防止泄露、渗漏、挥发等发生,并进行定期、不定期检查,确保环境及人员安全（图 5-28）。

图 5－28　药剂仓库

4）设立洗车池，进出场及运输车辆须进行清洗方可离场，防止场内污染转移扩散（图 5－29）。

（2）开挖区环境管理

本项目在开挖过程中可能有挥发性有机物通过土壤挖掘，暴露、挥发扩散到空气中，对此执行以下污染防止措施。

1）控制开挖面积。在施工过程中为避免扬尘过大，采取分区开挖的方式控制施工面积。对于暴露的土壤或暂时堆存的污染土壤采用防尘网等及时进行覆盖，切断传播途径，抑制扬尘（图 5－30）。

图 5－29　洗车池

图 5－30　防尘网覆盖

图 5 - 31　加盖苫布运输车

2）控制污染土壤遗撒。严格管控出场车辆,车辆顶部必须配带苫布并做好离场车辆的冲洗工作,确保污染土壤外运过程中无遗撒、无异味扩散。另外安排专人进行路面清洁工作(图 5 - 31)。

3）加强工程管理。对现场施工人员做好环保教育工作,明确施工中应恪守的环保职责,确保施工过程中不对周边环境形成二次污染。施工过程中做好大气环境监测工作,一旦发现超标现象立即采取应对措施,严控施工过程中的二次污染。

5.4.1.3　二次污染防治措施

1）异味气体防控措施。土方开挖阶段,可能有少许异味产生。针对此情况,现场会采取喷洒气味抑制剂等相应措施,降低消除现场异味,避免异味扩散。操作过程中要对场地周边环境进行监测。对于现场施工技术人员,通过配发符合防护要求的活性炭面罩进行防护,防止人员直接吸入。开挖出的土壤转运至处置区及预处理大棚,预处理大棚安装尾气处理,经过脉冲除尘、活性炭吸附将大棚内的污染物处理,达标排放。

2）扬尘防控措施。施工车辆场内行驶时按照规定道路行驶,内部道路进行湿式清扫。露天物品进行苫盖,同时对出场车辆进行清洗除尘。对于细粉状药剂,在搬运使用过程中动作轻缓,避免扬尘的产生。现场洒水车定期不定期进行洒水作业,同时根据现场实际情况增加作业班次。坚决配合相关防尘部门做好现场防尘工作。现场道路运输车辆严禁抛洒滴漏,发现遗撒立刻清理。

3）噪声控制措施。现场固化稳定化修复产生噪声的主要为挖机、筛分斗。现场施工严格施行噪声控制。

4）水处理过程保护措施。在污染地下水抽提过程中,对抽提井、输水管做好密封,确保污染水自地下抽出后无跑冒滴漏,直接泵送至污水暂存池,尽可能减少挥发性有机污染物对周边环境的影响。水处理设备运行过程中,严格按照操作运行,添加适量的药剂,做到既能达到修复目标,又不过度处理。水处理完成后,确保通过验收单位和水务局执法大队验收后才纳管排放。

5.4.2　现场环境监测情况

5.4.2.1　具体措施

（1）巡视内容

1）生活区与办公区:卫生情况,如垃圾堆放、物品摆放等。

2）施工区:施工人员着装,施工区域各种标识、指示牌,施工中使用的材料器具的摆放,施工机械的外观等。

3）药剂仓库：物料堆放、通风等情况。

4）场地周围、临时堆放区：有无垃圾乱堆放等。

5）临时设施：检查有无异常。

（2）巡视时间和记录

每天早晚各一次,早晨在施工开始前,晚上为施工结束前。根据情况增加巡视次数与变更巡视时间。

5.4.2.2　噪声、大气环境监测情况

噪声监测：对施工期间产生的高噪设备进行监管,落实噪声防治措施的实施内容、效果,使用噪声检测仪对厂界内及周边 1 m 外噪声进行检测,每周检测 1 次。按照施工期间的环保要求,治理过程中噪声排放控制执行《建筑施工场界环境噪声排放标准》（GB 12523 - 2011）标准。现场噪声监测显示,白天场界噪声低于 70 分贝,满足《建筑施工场界环境噪声排放标准》（GB 12523 - 2011）要求;另外,夜间不施工。

5.4.2.3　固废管理

本项目水处理采用某场地水处理设备,沉砂池、气浮池产生的污泥和 613B 地下水处理产生的污泥一起进行密封封存,放置于污泥专用桶中并派专人看管。活性炭吸附装置产生的废活性炭也和某项目一并处置。待某项目结束后委托具有危险废弃物处置资质的单位进行集中处置。某场地产生的污泥储存照片见图 5 - 32。

图 5 - 32　某场地污泥储存区

专家分析

本节撰写得比较规范、全面,但大家在写环境管理工作时,往往忽略项目施工过程对周围环境的影响以及可能影响程度的预测,因而需要：

◎ 补充监测数据（大气环境重要参数、关注因子数据、噪声等）,以及周围居民认为无干扰的证明材料,说明施工没有对环境造成影响;

◎ 补充监测仪器、检测方法及其结果;

◎ 补充监理与环境管理与安全相关的工作。

5.5 修复工程设计

5.5.1 修复施工过程安全管理情况

5.5.1.1 安全生产组织体系

现场安全监管组织体系见图5-33。

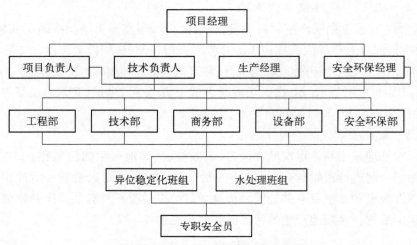

图5-33 安全组织保证体系

5.5.1.2 安全生产保证措施

1）建立以项目经理为组长,生产经理、技术负责人为副组长,项目全体管理人员为组员的安全生产小组,授予一票否决权限,对有可能危及工人生命财产安全的方案坚决否决。

2）建立健全以安全生产责任制为中心的安全生产制度,项目经理部文明施工负责人与各施工单位负责人签订文明施工责任书,施工单位文明施工负责人与外施队签订责任书,使文明施工管理工作层层负责,责任落实到人。

3）对施工人员进行"三级"安全教育,公司进行安全基本知识、法规、法制的教育;项目部进行现场规章制度和遵章守纪的教育;班组进行本工种岗位安全操作及班组安全制度、纪律的教育。

4）坚持巡回检查和定期检查结合的监管、监督制度。及时发现问题,发现即整改。

5）严格执行"劳保用品"使用发放制度。进入施工现场的人员必须佩戴安全帽,按要求穿戴防护服、佩戴护目镜。

6）注重安全投入,安全防护用品、安全设置设施,以及消防设备需满足施工安全需要。

7）严格遵守国家安全生产技术操作规程和相关防护规定。

8）特殊操作人员持证上岗,进场设备具有合格证,操作人员应定期对设备进行保养维护,确保设备安全。

9）严格执行安全技术交底制度，"安全第一、预防为主、综合治理"是施工过程安全技术交底的指导思想，安全技术交底是体现安全生产方针的落实，也是防止事故发生的有效保证措施，交底内容要有针对性、可靠性及可行性，写明注意事项和安全防范措施，经签字确认后在项目部存档。

10）实行领导带班管理制度，因项目涉及夜间施工，项目经理部安排各分管领导夜间值班，对施工现场人员防护、设备运行安全进行检查，确保施工现场安全生产有序进行。

5.5.1.3 文明施工管理措施

1）依照公司 CI 设计标准，开挖基坑周围设置警戒线，悬挂目视化警示标牌。

2）安排专人打扫卫生，清扫渣土车在运输过程中洒落的泥土，并运至预处理车间，同时安排运输车辆到洗车台进行冲洗。

3）现场渣土堆放区采用苫布进行覆盖，并对渣土来源、方量进行标注。

4）现场施工主要道路硬化，所有车辆在来回运输时必须洒水降尘。

5）施工现场严禁抽烟，严禁随地大小便，严禁随地乱扔垃圾。

6）现场药剂袋由专人负责回收。

7）机械设备悬挂机械设备标示牌及安全操作规程，实行"定人、定机、定岗"管理制度。

8）施工现场制定卫生急救措施，配备保健药箱、一般常用药品和急救器材，为从事有毒和有害作业人员配备有效的防护用品。

9）在工地四周围挡书写反映文明、时代风貌的标志语。

10）围挡。

表 5-21 现场设置标志牌

标 志 牌	说　　　　明
现场导向牌	按照公司标准，在工地入口及 CI 主要道路设置施工现场导向牌
操作规程牌	醒目位置挂相应机具的安全操作规程牌
安全警示牌	机具、电箱等位置挂相应的安全警示牌，脚手架、卸料平台挂验收合格牌和限高、限载牌
材料标示牌	施工现场各种材料均应分别挂材料标示牌，注明产地、规格、数量和检验状态
设备牌	标挂验收合格牌、操作规程牌、机械性能牌和安全警示牌

5.5.1.4 劳动保护及个人防护保证措施

（1）化学危害风险及防范措施

1）为防范污染土壤修复过程中目标污染物对人员的危害，可以采用切断其暴露途径的方法达到防范风险的目的，目标污染物的暴露途径主要为扬尘和散发，所以需要加强施工现场扬尘的控制，并限制目标污染物的散发。① 扬尘控制，在施工过程中，对来往污染场地的车辆进行冲洗且限定车辆的行驶速度，防止扬尘，并对污染范围内的道路进行定期不间断洒水。② 散发控制，为了减少目标污染物的散发，需要减少污染土壤的暴露面积，对于作业面污染土壤的暴露，采用喷洒气味抑制剂的方式，气味抑制剂无毒、具有生物降解性，能有效控制污染物的挥发。对于污染土壤的堆置暴露，则用塑料布苫盖，以达到阻止目标污染挥发的目的。

2）施工过程中,不仅目标污染物的直接或间接接触会对人员造成风险,药剂也会对人员造成危害,因此加强劳动过程中的个人防护是风险防范的关键。防护等级:参观人员,白色安全帽,9041 活性炭口罩;现场巡查人员,红色安全帽,活性炭口罩,工作服,工作鞋;现场施工人员(操作),蓝色安全帽,4535 白色带帽连体防护服,1623AF 护目镜,340－4004 耳塞,ANSELL87－950 手套,6200 防毒半面具(6006),6006 滤毒盒,靴子,人员防护。

3）污染土壤修复过程中的个人安全防护。在从事项目活动时,若周围空气污染物浓度超标,必须佩戴呼吸防护器材(采用 3M 系列产品)。需要在这些场地工作的人员应按照项目要求来佩戴过滤式呼吸器,并遵守呼吸防护计划。

（2）物理危害风险及防范措施

在修复过程中设备工作等操作,噪声强度有所增加,现场人员需配备听力防护装置(如耳塞/耳罩),如图 5－34。

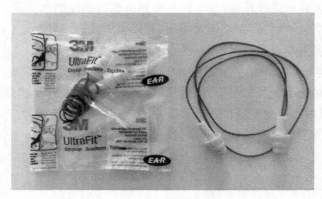

图 5－34　防护耳塞

5.5.1.5　药剂安全与管理

（1）药剂装卸要求

1）装卸人员必须按规定穿戴劳动防护用品。

2）避免禁配物品混装。

3）设备装卸应采用叉车进行装卸。

（2）药剂储存管理办法

1）修复药剂单独储存于阴凉、干燥、避光、通风的库房,远离可燃物、火花和明火。

2）仓库管理员每天应对药剂进行安全巡视并盘点。

3）修复药剂出库应标明出库量、出库用处及领用人。

4）修复药剂仓库应专库专用,严禁堆置其他无关物品。

（3）药剂仓库环境及配备设施

1）药剂仓库配备温湿度计及排风扇,并根据药剂存放温度要求对仓库进行温度控制,确保修复药剂存储安全。

2）药剂仓库配备 6 台 35 kg 灭火器、8 台 5 kg 灭火器材,并定期检查,确保消防应急器材配置有效齐全。

（4）药剂仓库管理员工作流程

1）入库。① 修复药剂进场需要先过地磅确认来货药剂是否与送货单所填数量一致。② 确认来货与送货单所填数据一致后按不同的厂家分类分批入库,并及时填写入库单据。同时要向供货单位提供药剂合格证。③ 修复药剂入库后要对每批药剂进行取样检测,确保符合本项目使用要求。④ 发现有不合格药剂及时向上级汇报,并按照公司退料流程进行退货,填写退料单。

2）出库。① 药剂出库要按照先进先出的方式,确保药剂在保质期内用掉。② 出库时药剂仓库管理员要记录每次出库数量及批次,并及时填写出库单据。③ 每批出库要有药剂仓库管理员和领料人确认签字。④ 仓库管理员应每天对仓库进行盘点并建立电子版台账做到账实相符,详见竣工报验资料中的修复药剂库存管理台账(本书略)。⑤ 配合商务及会计定审核药剂出入库情况确保进出库记录准确。

5.5.1.6　用电安全与管理

施工现场临时用电严格执行《施工现场临时用电安全技术规范》(JGJ 46 - 2005)的有关规定,根据现场实际施工情况,项目部编制了临时用电专项施工方案,且审批、审核手续齐全。现场采用三级配电、三级漏电保护制度,严格执行三相五线制管理要求,现场用电设备及配电箱采用重复接地保护,操作电工均持证上岗,电工作业过程中挂牌上锁,并由专人进行看护,各配电箱及用电设备标注安全责任人及联系电话,以确保施工现场用电安全。文明施工管理措施。

5.5.1.7　修复质量监控体系

为保证各区块修复效果和质量,项目设置质量监控体系如图 5 - 35 所示。

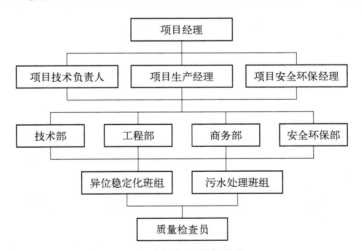

图 5 - 35　修复质量监控体系

5.5.1.8　修复质量保证措施

施工过程主要包括现场定位测量、污染土开挖、污染土预处理、异位化学氧化、异位常温解析、异位稳定化等过程。具体措施如下。

（1）测量施工保证措施

1）测量准备,对所有仪器设备进行全面检查和标定,保证仪器正常工作。

2）测量设备,主要包括使用 RTK、水准仪、钢尺(5 m)、长卷尺(50 m)。

3）测量原则,水准测量观测按二等要求采用单路线往返闭合测量,采用定人、定仪器、定标尺、定线路、定点进行观测。

4）测量过程,由专人负责测量工作,主要使用 RTK 设备进行测量放线,并使用石灰粉标定出准确的开挖范围。开挖过程中测量人员随时对开挖标高进行测量防止出现超挖或开挖不到位的情况。

（2）修复目标值保证措施

1）本工程完成修复施工后的土壤必须通过修复企业自行采样并委托具有相关检测资质的第三方检测机构进行检测。在确认检测结果符合验收标准后,再向验收单位提出验收申请并在监理单位的监督下,委托有检测资质的单位来采样,检测报告直接送至验收单位并给出验收意见。

2）将样本的污染物浓度与修复目标进行比较,如小于治理浓度,则不需要进一步处理;若大于治理浓度,则继续进行补充处理,直到确认土壤已达到修复合格标准。

（3）异位稳定化修复质量保证措施

1）依据场地污染浓度确定修复药剂的量。

2）充分将稳定剂与污染土壤混合,搅拌均匀。

3）记录每天的生产工程量及使用的修复药剂。

（4）污水处理质量保证措施

1）确保污水处理工艺设备完好。

2）严格执行设备运行期间的巡查制度,确保各单元设备运行正常。

3）定期检查设备运行参数,及时保养和维护并做好记录。

4）根据污水污染程度的不同,及时调整药剂投加量并做好记录,确保生产记录资料的可追溯。

5）实行生产 100% 自检制度,确保生产的每一批水合格。

6）执行 100% 验收检查制度,保证纳管排放全部达标。

（5）技术交底、施工记录等资料

项目部按照土壤常温解吸、异位化学氧化稳定化修复以及地下水处理、原位化学氧化处理各自工艺特点和流程,对关键施工参数、施工细节、药剂用量等数据按技术交底要求进行记录归档,每天对施工进行检查并填写班报表,确保施工记录资料的可追溯。

（6）药剂质量控制

本项目化学修复主要药剂为双氧水药剂、生石灰药剂及稳定剂,其质量(纯度或浓度)通过出厂证明、现场实验等环节来保证。

5.5.2 修复施工进度管理情况

5.5.2.1 进度保证体系

本项目场地修复施工,在保证安全和质量的前提下,为保证进度达到工期目的,设立施工进度保证体系,见图5-36。

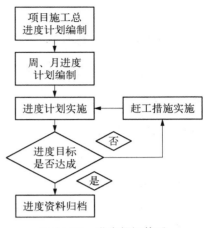

图5-36　进度保证体系

5.5.2.2　进度保证措施

本项目场地修复施工过程主要包括修复区域定位测量、污染土开挖、污染土预处理、异位稳定化、污水处理等过程。各分项施工的进度保证措施如下所述。

（1）工程进度计划设计

对本工程场地修复施工进行规划计划,包括:总进度计划、月进度计划、重要节点进度计划等。由工程管理中心组织审核,由项目经理审批。月进度计划在前一个月末报工程管理部经理审批。当进度严重偏离计划时应编制调整计划,上述规定进行编制、审核、审批后实施。

（2）进度计划的检查

计划的检查分以下两步:首先是周计划的检查,每周一进行周计划的检查,主要是对本周工作完成情况和配套计划的兑现率进行检查,找出影响施工进度的主要因素,检查结果由项目工程部在例会上公布;其次是月计划的检查,每月开监理例会,主要对本月工作进度完成情况和配套计划的兑现率进行检查,找出影响进度的各种因素并采取对策。

（3）进度计划的调整

定期组织召开工程例会,确认实际进度、投入机械情况和安排下一阶段施工计划,及时协调和调整工程进度。

1）周计划的调整:每周根据上周完成任务以及后续工作情况进行总结,调整并确定下一周需完成工作内容。

2）月计划的调整:每月根据各周计划的检查结果判断月计划是落后还是提前,调整月进度计划,全力保证各进度控制点的完成。

3）总体计划的调整:每月根据月计划完成情况判断对总体计划的影响,在月计划严重滞后、进度控制点已经无法保证实现时,查明原因后报公司施工管理部进行调整。

专家评审

本修复工程组织管理到位、安全措施得当,劳动保护方式合理。但是需要改进的地方还有很多,希望大家注意以下几点:

◎ 注意有哪些安全保护制度、劳动保障制度和管理组织制度,应列出细则;

◎ 注意罗列修复过程已经出现的任何违反环境管理办法、组织制度、安全制度和劳动保障制度及不按照操作规程操作的现象,并总结经验教训;

◎ 注意增加环境健康方面的预防和实施的措施,防止土壤修复过程对从业人员的伤害。

5.6 成本效益分析

本项目土壤及地下水修复自检验收流程如图 5-37。

5.6.1 土壤修复效果自检验收情况

本项目场地完成修复施工后,在报送验收单位进行验收前,需要对修复效果进行自检,自检工作可根据各修复地块与区域的施工部署、完成情况逐步开展。

5.6.1.1 基坑自检验收

根据《某市污染场地修复工程验收技术规范》,清挖后需对侧壁和坑底进行检测。将基坑四周侧壁以每段 40 m 长度等分,在每段均匀采集 9 个表层土壤样品制成 1 个混合样,侧壁长度少于 40 m 的,取一个样。此外,对侧壁进行分层取样,每一米取一个样。将基坑底部按 20 m×20 m 均分成块,在每个地块中均匀采集 9 个表层土壤样品制成 1 个混合样。

基坑自检情况统计如表 5-22。

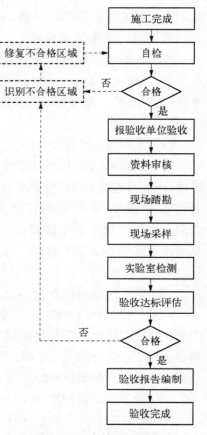

图 5-37　自检验收流程

表 5-22　基坑自检情况

污染类型	修复深度	侧壁周长/m	侧壁采样数	坑底面积/m²	坑底采样数	检测指标	检测结果
重金属	.　1	127	6	1 119	6	铅	合格

基坑经自检合格后,报验收单位验收检测(图 5-38)。经检测,验收全部合格。

图 5-38　基坑验收采样

5.6.1.2　修复后土壤自检验收

按照实施方案要求,每 $500 \mathrm{m}^3$ 土壤采集一个样品送检,本项目异位稳定化修复方量为 $1\ 119 \mathrm{m}^3$,共采集 3 个土壤样品,监测指标为铅。

异位稳定化自检采样按照土壤修复处理批次、处理单元进行采样,每批次每单元随机采取土壤样品,样品数量达到相关技术要求。修复后土壤自检情况如表 5 - 23 所示。

表 5 - 23　异位稳定化自检情况

污染类型	修复方量/ m^3	采样数量	检测指标	浸出值/($\mathrm{mg/L}$)	检测结果
重金属	1 119	3	铅	0.01	合格

异位稳定化修复后土壤自检合格,报验收单位验收检测,经检测,验收全部合格(图 5 - 39)。

图 5 - 39　重金属修复后土壤验收采样

5.6.2　地下水修复效果自检验收

施工过程中,对抽出的污染水处理后暂存在清水池内,每个水池自检 1 次,确保达标后申请验收;另外,清水池中的水经水务局执法大队按《污水排入城镇下水道水质标准》(GB/T 31962 - 2015)采样确认达标后方可纳入污水管网。施工完成后,利用自检井和降水井对地下水采样监测。

5.6.2.1　地下水自检及结果

(1)原位自检

对原位地下水进行抽提后,共计抽出污染地下水 $1\ 844 \mathrm{m}^3$,对地下水污染区进行自检(图 5 - 40),共取水样 4 个,监测指标为某场地(一标段),关注污染物为总石油烃。自检结果全部合格,如表 5 - 24 所示。

图 5 - 40　原位自检采样

表 5 - 24　地下水污染区总石油烃采样自检

序　号	井编号	采样编号	结果/(μg/L)
1	7#	621 - 0416 - 01#	ND
2	9#	621 - 0416 - 02#	ND
3	17#	621 - 0416 - 03#	ND
4	19#	621 - 0416 - 04#	ND

注:目标值 2 200 μg/L,检出限 50 μg/L。"ND"代表未检出。

（2）水池自检

施工过程中,抽出的污染水处理后暂存在清水池内,等待自检和验收,每个水池自检 1 次（图 5 - 41）。自检指标涵盖 613B 地块和某场地(一标段)所有地下水关注污染物指标(表 5 - 25)。

图 5 - 41　地下水水池自检采样

表 5 - 25　水池采样自检

采样日期				2018 - 4 - 6	2018 - 5 - 14	2018 - 5 - 16
水袋编号				5#	6+7#	4#
自检报告编号				SEP/SH1804117	YH180377	YH180392
修复指标	单位	检出限	修复值	检出值	检出值	检出值
化学需氧量	mg/L	4	/	34	60	40
总石油烃	μg/L	/	2 200	ND	ND	ND
砷	mg/L	0.01	50	ND	ND	ND
苯胺	μg/L	0.5	292	ND	ND	ND
邻甲苯胺	μg/L	0.5	23	ND	ND	ND
4 -氯苯胺	μg/L	0.5	27.3	ND	ND	ND
苯	μg/L	0.5	94.3	ND	ND	ND
氯苯	μg/L	0.5	834	ND	ND	ND
顺-1,2-二氯乙烯	μg/L	0.5	83.4	0.7	0.93	1.13
三氯乙烯	μg/L	0.5	20.8	0.8	0.9	3.7
氯乙烯	μg/L	5.0	7.4	ND	ND	ND
氯乙烷	μg/L	5.0	16 673	ND	ND	ND
1,2 -二氯苯	μg/L	0.5	3 751	ND	ND	ND
1,3 -二氯苯	μg/L	0.5	1 249	ND	ND	ND
1,4 -二氯苯	μg/L	0.5	713	ND	ND	ND
1,3,5 -三甲基苯	μg/L	0.5	417	ND	ND	ND
1,2,3 -三氯丙烷	μg/L	0.5	0.5	ND	ND	ND

注:"ND"代表未检出。

5.6.2.2　地下水验收及结果

（1）地下水原位验收

验收单位对某场地地下水污染区内打 4 口原位验收井,地下水污染区边界打井 3 口,共 7 口验收井(图 5 - 42)。原位验收全部一次性验收合格(表 5 - 26)。

图 5 - 42　建设监测井

表 5-26 原位地下水验收采样情况

验收井个数	关注污染物	采样个数
7	总石油烃	7

图 5-43 水务局取样

（2）地下水水池验收

清水池自检合格后,提交报验申请表,验收单位进场对清水池采样验收。验收单位对地下水污染区地下水采样验收,结果显示,地下水污染区验收样品全部达标。

5.6.2.3 水务局取样验收

本项目处理后出水水质须执行《污水排入城镇下水道水质标准》（GB／T 31962-2015）B 级标准。每次纳管前联系水务局执法大队,再次进行采样验收后方可纳入污水管网,验收结果全部合格（图 5-43、表 5-27）。

表 5-27 水务局采样信息汇总表（采样日期：6 月 4 日）

编 号	5#	6+7#	4#	合 计
水 量	601 m³	643 m³	603 m³	
结 果	√	√	√	3

专家建议与分析

本修复工程自检验收工作很到位,有检测验收和环保局验收,整个验收环节很完善,希望大家注意以下几点:

◎ 注意要细化验收方案、方法、布点规则、验收依据。

◎ 注意补充纳管废水评价频次、评价因子,防止出现非关注污染物超标现象。

◎ 注意地下水水质在验收通过后可能出现反复的问题。最好验收通过一段后再取样检测复合一次,防止由于修复不彻底而造成严重后果。

5.7 结论

某地区某核心区场地污染土壤与地下水修复工程某场地地块（一标段）,施工单位在某市某区环保局、建设单位、环境监理单位、验收监测单位等部门的监督、监管、大力支持和配合下,完成了合同内的土壤与地下水修复工作。主要结论如下:

1）完成土壤修复工程量 1 119 m³,完成地下水修复工程量 1 847 m³。

2）污染土壤采用异位稳定化技术进行修复,经修复后达到修复目标值。本项目修复后的土壤外运中央绿地作景观堆土,为了保证它的稳定化效果,不宜处在酸性环境中,后续加强跟踪监测。

3）地下水修复项目采用抽提处理方式进行修复,抽出的地下水采用"气浮+Fenton 高级氧化+活性炭吸附"工艺进行处理。经过处理后的地下水依次通过自检、验收、水务取样等环节。经处理后的水全部满足纳管排放目标值,全部纳管排放。另外,经修复后的原位地下水中目标污染物浓度均低于地下水修复目标值,达到修复效果。

附图 1 场地施工总平面布置图(略)

附图 2 降水井平面图(略)

附图 3 水处理站平面布置图(略)

附图 4 竣工图(略)

专家分析

本案例结论的基本内容已经呈现出来,但为了更好地让大家理解和认识整个修复工程,希望大家注意以下几点:

◎ 补充达到修复目标值、基坑等验收达标的情况;

◎ 注意结论重点强调修复技术和工程可行、达到预期目标;

◎ 注意补充监测工作评价和验收结论;

◎ 注意补充监理工作评价和验收结论。

第六章
国内外典型土壤污染修复案例分析

6.1 宜科(ECON)工业公司土壤修复案例分析

6.1.1 项目介绍

该项目的业主为法国能源公司;项目地点为法国东南部某市;受污染土地面积为18公顷(约270亩)。

6.1.2 项目的环保措施

项目地址靠近某市,对项目的进行有最大的环保制约。

6.1.3 项目背景

该项目场地是接近100年的工业用地,主要是国防工业。其工业历史如下:

1918~1954年,生产氮气和硫产品,用于粉末行业。第二次世界大战期间发生的事故包括:军需火车爆炸,造成部分建筑与仓库损坏。另两次事件是1944年的两次炸弹爆炸。

1954~1959年,矿物加工,主生产镍。

1960年开始,生产轻质同位素,主要是锂-汞合金同位素分离。废旧基础设施在1986年被拆毁。拆毁的废物填埋成一座小山,这座小山的土壤修复也是整个项目一部分。锂的生产直到2009年才随着工厂的关闭而停止。本项目的任务是对土壤进行修复,然后将修复后的土地作为新的工业用地使用。

6.1.4 项目特点

1)考虑到需要修复土壤的量,本项目需要进行原位修复,以节省运输成本。

2)对工地废渣料进行管理。不过,最重要的是,整个修复工作需要在保证安全的情况下进行。

6.1.5　环境条件

本项目环境条件的主要特征是场地分为主要的两个区：第一个区，也是最重要的区，是汞污染区，靠近之前提到的废渣山，以及汞使用工厂的地基处（图6-1）。第二个区，是硝基萘污染区，这是生产硝基产品的结果。另外，基于进行过矿物加工，该场地还受到重金属、PCB与柴油的污染。

○ 汞　　　　● 硝基萘

图6-1　不同污染区域

6.1.6　污染情况

本项目污染情况见表6-1。

表6-1　项目污染现状

污 染 物	原 工 艺	浓 度
汞	轻质同位素生产	高至>2 600 mg/kg，沥出液高至1 300 μg/L
硝基萘	硝基化学品生产	—
重金属、PCBs、烃类	矿物生产	—

6.1.7　处理工艺与方式

本项目的重点是对汞与汞化合物的处理，最优化的处理方式是一种组合方式，包括破碎、清洗、真空热脱附和固态化。

1）热脱附。通过加热土壤的小颗粒，以蒸发汞，然后通过冷凝回收。

2）清洗大颗粒物料以清洗掉表面含汞的微尘，如果之后修复的水平达不到，就对物料进行粉碎，再使用热脱附进行处理。

对于有机硝酸酯类化合物，采用生物法工艺：通过喷射空气、水、基质，增加天然细菌的活动，污染物被自然环境的细菌消解掉。该工艺是技术型与经济型的结合。

对于其他的污染物，通过其他专业公司采用异位修复进行处理。

3）汞污染土壤的修复流程见图6-2。

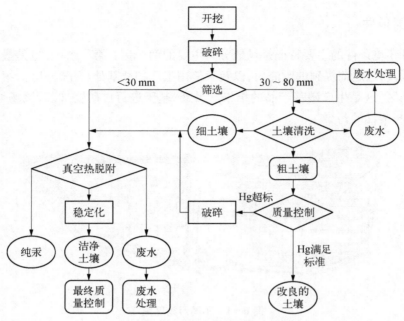

图 6-2　汞污染修复流程图

4）土壤挖掘与预处理（破碎与筛分）。被汞污染的土壤被挖掘出来后，进行破碎（图6-3）和筛选后，按照尺寸，分为两类：0～30 mm，采用真空热脱附工艺进行处理；30～80 mm，采用清洗工艺进行处理。

图 6-3　破碎机

5）土壤清洗。为了优化 TDU 的使用，粗料一般没有被污染，经过清洗，洗掉表层污染的细灰。清洗的废水采用闭路，以节省水耗。细颗粒通过沉淀回收，送去 TDU 工艺。对清洗后的物料进行检查，一旦达不到修复目标，就进行破碎，以便采用 TDU 进行处理。废水在一个同时与 TDU 配套的废水处理装置进行处理。

6）真空热脱附（VTDU）。尺寸 0～30 mm 的物料采用热脱附。该装置布置在之前拆除建筑物的地块,高 17 m,重 250 t,处理量每年 28 000 t。

装置全天候运行,物料按照批次式进行处理,每批次 10~12 t,采用真空下的加热来进行汞的蒸发。

该装置包括(图 6-4):喂料器模块(M01),用于上料与输送料到一级干燥模块;一级干燥模块(M02),在汞脱附之前干燥土壤与物料;二级干燥模块(M03),通过加热物料蒸发汞;冷却模块,冷却处理成品物料(M05);造粒模块(M06),采用水与黏合剂混合物料,以便得到具有机械性能的团聚体,便于储存;辅助资源模块(M04 和 M07),包括真空发生器、汞再凝结装置、锅炉房模块以及控制站。相关装置图片见图 6-5 至图 6-7。

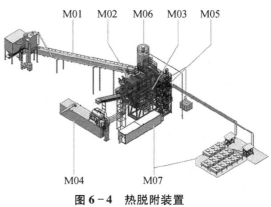

图 6-4　热脱附装置

图 6-5　热脱附装置

图 6-6　输入物料

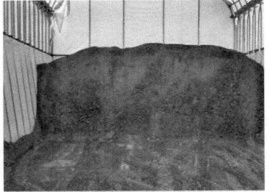

图 6-7　帐篷及暂时存放物料

7）稳定化。在真空热脱附的卸料口,安装了一个稳定化混合器,往处理好物料中添加水和水泥。这种举措一方面增加土壤的机械特性,另外可减少其他重金属（如 As、Cd 等）的渗出,在稳定化后,对物料进行检测看是否达到指标。

6.1.8　项目结果

土壤通过 VTDU（真空热脱附）的处理后,达到最终汞含量<1 ppm,汞浸出<0.001 mg／L 的指标。PCB 与其他烃类也被有效移除。基于被处理后固体的稳定化,残余重金属的渗出性达到修复目标,处理后的物料能够现场重新使用了。

6.1.9　项目参数

整个装置的运营规划是从 2010 年到 2014 年,共 5 年。

时间安排:

2010 年之前,项目研究,TDU 中试,管理过程与文件的准备。

2010 年,TDU,周边设备（如污水处理厂）的安装。

2011 年,测试启动 TDU,以及清洗系统仓的安装启动。

2012～2013 年,整套装置正常运行。

2014 年,工艺装置的拆卸,最终记录的发展。

现场老旧建筑的拆卸与土壤的修复是同时进行的。

6.1.10　结论

清洗与热脱附的组合,证明是一个很好的工艺。当然,清洗工艺的使用,在很大程度上取决于物料的种类（例如土壤类型）。为达到汞含量<1 ppm,需要使用一个 400℃ 的加热系统。低温无法确保达到需要的处理结果。

案例分析

本案例有以下特点或值得学习地方:

◎ 本案例场地历史比较清楚,有利于选择修复方案;

◎ 利用一年左右的大型中试实验,验证修复技术,有较多时间考察修复效果,对工程方大有帮助;

◎ 修复工期长,有利于降低投资,也有利于长期监控修复效果及其技术可行性;

◎ 该污染场地复杂,修复技术复杂,有很好的借鉴意义。

6.2　废弃矿山生态修复经典案例

矿山废弃地的生态修复工作正在某国各地广泛地展开,并已取得明显成效。在此背景下,积极进行矿山生态修复模式的探索,使矿山重建目标从单纯的植被恢复向新兴替代产业转变,是十分必要的。依据城市总体规划,在城市的近中郊范围内,选择类型适宜的矿山废弃地建设矿山遗址公园、生态示范公园、环保科普公园、小游园等多种类型的景观绿地,不仅可以使矿山废弃地重新被赋予活力和文化内涵,同时也是对城市景观绿地体系的有益补充。

6.2.1 英国伊甸园——传承自然:生态文化利用主导的矿山生态修复及旅游开发模式

英国伊甸园位于康沃尔郡,在英格兰东南部伸入海中的一个半岛尖角上,总面积达15公顷。其所在地原是当地人采掘陶土遗留下的巨坑,该工程投资 1.3 亿英镑,历时两年,于 2000 年完成,2001 年 3 月对外开放。在开业的第一年内就吸引游客超过两百万。

英国伊甸园是世界上最大的单体温室,它汇集了几乎全球所有的植物,超过 4 500 种、13.5 万棵花草树木在此安家。在巨型空间网架结构的温室万博馆里,形成了大自然的生物群落。其目标宣言是"促进对植物、人类和资源之间重要关系的理解,进而对这种关系进行负责任的管理,引导所有人走向可持续发展的未来"。

图 6-8 场地生态开发示意图

伊甸园是围绕植物文化打造、融合高科技手段建设而成的,以"人与植物共生共融"为主题的,以"植物是人类必不可少的朋友"为建造理念,具有极高科研、产业和旅游价值的植物景观性主题公园。由 8 个充满未来主义色彩的巨大蜂巢式穹顶建筑构成,其中每 4 座穹顶状建筑连成一组,分别构成"潮湿热带馆"和"温暖气候馆",两馆中间形成露天花园"凉爽气候馆"。穹顶状建筑内仿造地球上各种不同的生态环境,展示不同的生物群,容纳了来自全球成千上万的奇花异草。"伊甸园"的穹顶由轻型材料制成,这个材料不仅重量轻,而且有自我清洁的能力还可以回收。此外,伊甸园里的其他建筑也都采用环保材料和清洁可再生能源,可以说伊甸园本身就是一个节能环保的典范,实现了在已经受到工业污染和破坏的地区重建一个自然生态区的目的(图 6-9)。

图 6-9 重建一个自然生态区示意图

6.2.2 中国黄石国家矿山公园还原记忆——工业记忆复原主导的矿山生态修复及旅游开发模式

黄石国家矿山公园位于湖北省黄石市铁山区境内,"矿冶大峡谷"为黄石国家矿山公园核心景观,形如一只硕大的倒葫芦,东西长 2 200 m、南北宽 550 m、最大落差 444 m、坑口面积达 108 万 m²,被誉为"亚洲第一天坑"(图 6-10)。

图 6-10 黄石国家矿山公园

黄石国家矿山公园占地 23.2 km²,分设大冶铁矿主园区和铜绿山古矿遗址区,拥有亚洲最大的硬岩复垦基地,是中国首座国家矿山公园、湖北省继三峡大坝之后第二家"全国工业旅游示范点",在 2013 年入选《中国世界文化遗产预备名单》。

通过生态恢复的景观设计手法来恢复矿山自然生态和人文生态。把公园开发建设的着眼点放在弘扬矿冶文化、再现矿冶文明、展示人文特色、提升矿山品位、打开旅游新路上。打造科普教育基地、科研教学基地、文化展示基地、环保示范基地,为人们提供一个集旅游、科学活动考察和研究于一体的场所,实现人与自然和谐共处、共同发展的主题。

园内设"地质环境展示区、采矿工业博览区、环境恢复改造区"三大板块,以世界第一高陡边坡、亚洲最大硬岩复垦林为核心,观赏绿树成荫、桃李芬芳、石海绿洲,展示"石头上种树"的生态奇迹。划分"日出东方、矿冶峡谷、矿业博览、井下探幽、天坑飞索、石海绿洲、灵山古刹、雉山烟雨、九龙洞天、激情滑草"十大景观,使游客体验到"思想之旅、认识之旅、探险之旅、科普之旅",满足不同层面、不同地域的游客求知、求新、求奇、求趣的需求。

以生态恢复景观设计为手段,恢复矿山公园的生态环境,再现怡人的自然生态景观,创造良好的游览环境。以深厚、悠久的矿山工业文化为内涵,保护景区内的历史文化遗迹,提供多角度观景点,力求将独特的矿业文化风貌展现给游人。以景观塑造为设计重点,突出景观要素,景区设置、景点命名、建筑形式、雕塑小品都力图体现矿山生态恢复主题(图6-11)。

图6-11 矿区景点

6.2.3 加拿大大布查德花园诗意园林——休闲空间营造主导的矿山生态修复及旅游开发模式

布查德花园是废墟上建起的美丽田园,它是加拿大温哥华维多利亚市的一个私家园林(图6-12)。

图6-12 布查德花园

一百多年前,那里是一个水泥厂的石灰石矿坑,在资源枯竭以后被废弃。布查德夫妇合力建造了这座花园。布查德太太把石灰石矿场纳入家居庭院美化之中,有技巧地将罕见的奇花异木糅合起来,创造出享誉全球的低洼花园,所采用的花卉植物多是夫妇俩周游世界各地时亲手收集的。

花园占地超过55英亩*,坐落于面积达130英亩的庄园之中。与一般平平整整的花园不同,布查德夫人因地制宜,保持了矿坑的独特地形。花园1904年初步建成,之后经过几代人的努力,花园不断扩大。时至今日,布查德夫妇的园艺杰作每年吸引逾百万游客前来参观。

布查德花园由下沉花园、玫瑰园、日本园、意大利园和地中海园5个主要园区构成,有50多位园艺师在这里终年劳作,精心维护。每年3~10月近100万株和700多个不同品种的花坛植物持续盛开,其它月份,游客则可以观赏到枝头挂满鲜艳浆果的植物,以及精

图 6-13　花园景观

心修剪成各种形状的灌木和乔木。随着季节不同,布查德花园的观赏内容有着不同的内容、主题和季相特色。

花园道路纵横交错,到处是花墙、树篱。不同主题由不同的专业设计师设计完成,花园的日常养护管理也是由专业园艺师负责进行,做到了每种花卉都能以最佳的观赏效果展示给观众。利用地势起伏构建景观层次,从单调园艺走向主题园区(图 6-13)。

6.2.4　罗马尼亚盐矿主题公园讲述故事——主题文化演绎主导的矿山生态修复及旅游开发模式

萨利那·图尔达盐矿(Salina Turda)位于罗马尼亚,盐矿从有文献记载的1075年一直到1932年都在持续产盐,直到1992年被改建成包含博物馆、运动设施和游乐场的缤纷主题公园,更被《商业内幕》(Bussiness Insider)评为世界上"最酷的地下景观"(图 6-14)。

创意设计理念(发挥创意思维,彰显鲜明特色):将旧矿业的基础设施与现代的游乐园设施、科幻风格的建筑创意结合,使整个主题公园呈现宛如外太空的科技场景,最终奇幻色彩成为该公园最鲜明、最具特色的吸引点。

项目开发模式(保留原有资源,进行多元开发):保留原有矿坑中的走廊形成景观廊道;保留嶙峋的洞窟以及巨大的钟乳石构成园区背景;保留原有盐矿运输通道,作为游客体验通道;保留原有盐湖,形成划船游乐场地等。

---

* 1 英亩 = 4 046.856 422 4 m²。

特色产品设置(运动主题鲜明,疗养功能助力):主题公园内设有地下摩天轮、迷你高尔夫球场、保龄球场、运动场、游船等运动娱乐场地及设施,丰富的运动型项目布满全区,供游人任意使用;而水疗中心、盐矿疗养处则可供某些特殊疾病患者进行康疗养体。

盐洞有新旧两个入口,洞内主要分两层,每层有一个大厅,盐洞内建有电梯沟通上下层,但大部分景点都需

图 6-14　萨利那·图尔达盐矿景观

步行参观。上层大厅里有包括迷你高尔夫球场在内的运动场和剧院等休闲娱乐场所。下层大厅建立在井底的一个小岛上,并设有摩天轮和码头,也可以乘船游览美景。

6.2.5　上海辰山植物园:彰显个性——自然科普性格主导的矿山生态修复及旅游开发模式

上海辰山植物园位于上海市松江区,于 2011 年 1 月 23 日对外开放,由上海市政府与中国科学院以及国家林业局、中国林业科学研究院合作共建,是一座集科研、科普和观赏游览于一体的 AAAA 级综合性植物园。园区植物园分中心展示区、植物保育区、五大洲植物区和外围缓冲区四大功能区,占地面积达 207 万平方米,为华东地区规模最大的植物园,同时也是上海市第二座植物园(图 6-15)。以华东区系植物收集、保存与迁地保育为主,融科研、科普、景观和休憩为一体的综合性植物园。

图 6-15　辰山植物园景观

植物园整体布局构成中国传统篆书"园"字。绿环构思充分体现了缓冲带思想,将内部空间有机的融合在一起,同时对外部起到屏障作用。

植物园园址早期是上海四大原矿产区之一,通过对采石场遗址进行改造,形成独具魅力的岩石草药专类园和沉床式花园(矿坑花园);展览温室由热带花果馆、沙生植物馆(世界最大室内沙生植物展馆)和珍奇植物馆组成,为亚洲最大的展览温室。定期举办科普活动和主题花展(如国际兰展),另有辰山植物园科普导览 APP,提供植物花月历、养花咨询。

6.2.6 美国密歇根州港湾高尔夫球场：转化功能——服务升级换代主导的矿山生态修复及旅游开发模式

港湾高尔夫球场位于美国密歇根州，占地 405 公顷，是一个修建在废弃工业旧址上的度假胜地和高尔夫球场。最初这里是一个采石场，1981 年随着水泥厂的关闭，结束了为生产水泥对当地页岩和石灰石长达百年的开采，但留下了 400 英亩的荒地，看起来就像"月球表面"。在这片贫瘠的土地上，几乎寸草不生。

图 6-16　港湾高尔夫球场

该项目的设计始于 20 世纪 90 年代，一家私人公司通过与当地政府合作，将高尔夫和其它设施整合进一个集环境恢复和开发为一体的总体规划中，从而对退化的自然景观进行改善。通过规划设计，将这片退化的采石场废地转变成为集 27 洞高尔夫球场、游艇码头、酒店和私人住宅社区为一体的高端独有度假区（图 6-16）。

一个游艇码头，通过爆破一个分开 36 公顷采石场和密歇根湖的窄石墙通道修建而成；一座 27 洞高尔夫球场，部分球洞下就掩埋着水泥窑粉尘，球手可以在石灰石和页岩开采后留下的陡峭峡谷间享受击球乐趣；一家度假酒店，建造在原有工厂的旧址上；800 处住宅和度假别墅，其中大部分住宅沿着采石场遗留的人工悬崖修建，自然而然地转变成为可欣赏游艇码头和高尔夫球场风光的绝佳宝地。28 公顷的原有土地被打造成为包含 1 600 米湖滨线和 8 000 米自然廊道的公园。

水泥窑粉尘可以用作球场建设的填土。一层约 45.7 厘米厚的黏土重壤层覆盖并固定住了随风飘移的水泥窑粉尘。球道粗造型所用的表层土，大多是从之前采石场废弃的材料里筛选出的，或者是由现场的其他区域搬运过来。

专家分析

该案例给予我们的启示：

◎ 我国需要修复的矿山体量很大，利用传统的修复方法很难达到目的，而且费用太高，应该改变思维模式，用生态模式和旅游模式替代单纯修复模式，用企业耦合国家资金模式替代单纯的国拨资金进行修复和开发；

◎ 矿山等场地的修复以先进设计和规划理念引领修复技术的变革。

参考文献

百度文库.德国 ECON 工业公司的土壤修复案例分析.https：//wenku.baidu.com/view/
　　0e3e39e5f78a6529657d53b6.

程世勇.2010.“地票”交易：模式演进和体制内要素组合的优化.学术月刊,42（5）：70－77.

崔龙哲,李社峰.2016.污染土壤修复技术与应用.北京：化学工业出版社.

国土资源部.2016.上海明确“十三五”规划用地总量负增长［EB/OL］.http://www.mlr.
　　gov.cn/xwdt/jrxw/201603/t20160328_1400231.htm［2016－03－28］.

顾守柏,丁芸,彦伟.2015.上海“198”区域建设用地减量化的政策设计与探索.中国土地,
　　11：17－20.

郭耀文,杨军,王满堂,等.1996.地表侵蚀与地貌相互关系的研究.中国水土保持,2：
　　23－25.

环境保护部自然生态保护司.2012.土壤修复技术方法与应用（第二辑）.北京：科学出
　　版社.

何建佳,叶春明,肖兰.2006.上海目前所处发展阶段及其发展趋势分析——基于波特的经
　　济发展阶段论.商业研究,11：129－132.

矿山生态修复与景观创意——国内外典型案例研究分析.https：//wenku.baidu.com/view/
　　a8264d52b0717fd5370cdcc9？pn＝51.

刘红梅,孟鹏,马克星,等.2015.经济发达地区建设用地减量化研究——基于“经济新常态
　　下土地利用方式转变与建设用地减量化研讨会”的思考.中国土地科学,29（12）：
　　11－17.

李金惠,谢亨华.2014.污染场地修复管理与实践.北京：中国环境科学出版社.

李鹏,濮励杰.2012.发达地区建设用地扩张与经济发展相关关系的探究.自然资源学报,
　　27（11）：1823－1831.

楼江,李敬.2015.经济新常态下土地利用方式转变的几点思考——基于上海新型城
　　镇化发展视角［EB/OL］.http：//www.chinalandscience.com.cn/zgtdkx/UserFiles/File/
　　20150606.pdf［2015－12－15］.

马佳.2015.从“三农”发展视角看“建设用地减量化”［EB/OL］.http：//www.

chinalandscience.com.cn/zgtdkx/UserFiles/File/20150604.pdf[2015-12-15].

马献发.2017.土壤调查与制图.北京:中国林业出版社.

孟鹏.2015."经济新常态下土地利用方式转变与建设用地减量化"研讨会在沪召开.http://www.chinalandscience.com.cn/UserFiles/File/shanghai jianlanghua.pdf[2015-10-23].

南京大学,中山大学,北京大学,等.1980.土壤学基础与土壤地理学.北京:高等教育出版社:307-313.

潘剑君.2015.土壤资源调查与评价(第2版).北京:中国农业出版社.

石忆邵,刘丹璇.2015.上海市工业用地减量化规划构想及关键问题分析[EB/OL].http://www.chinalandscience.com.cn/zgtdkx/UserFiles/File/20150602.pdf[2015-12-15].

寿嘉华.1999.国土资源知识800问.北京:地质出版社,40:129.

孙建轩.1985.水土保持词语浅释.北京:水利电力出版社:1-23.

王铮,吴健平,邓悦,王凌云,等.2002.城市土地利用演变信息的数据挖掘——以上海市为例.地理研究.

吴以牧.1990.略论水土保持学科特殊性及治理措施分类.中国水土保持,12:47-51.

吴以牧.1992.略论水土保持型生态农业问题.中国水土保持,12:56-58.

解明曙,庞薇.1993.关于中国土壤侵蚀类型与侵蚀类型区的划分.中国水土保持,5:8-10.

杨再福.2017.污染土壤修复技术.北京:化学出版社.

应建敏.2015.上海市农村土地的有效利用——以农民宅基地置换试点工作为例[OL].http://www.chinalandscience.com.cn/zgtdkx/UserFiles/File/20150609.pdf[2015-12-15].

尹贻梅,刘志高,刘卫东.2012.路径依赖理论及其地方经济发展隐喻.地理研究,31(5):782-791.

庄少勤.2015."新常态"下的上海土地节约集约利用.上海国土资源,3:1-8.

Frank A.Swartjes.2017.污染场地处置:从理论到实践应用.朱峰译.北京:国防工业出版社.

Gene M. Grossman, Alan B. Krueger. 1991. Environmental Impacts of a North American Free Trade Agreement[Z]. National Bureau of Economic Research Working Paper.

Manta, D S, Angelone M, Bellanca A. et al. 2002. Heavy metal in urban soil: a case study from the city of Palermo(Sicily), Italy[J]. Science of the Total Environment,300:229-243.